高职高专自动化类"十三五"规划教材

工控组态
技术及实训

于 玲　主编
李 娜　杜向军　副主编
王建明　主审

化学工业出版社

·北京·

本书系统地介绍了两种常用监控组态软件的主要功能及其组态方法。全书分为 3 篇：第 1 篇介绍组态技术的基础知识；第 2 篇介绍 KingviewV6.5 组态王软件的应用实例；第 3 篇介绍力控组态监控软件的使用方法及应用实例。

　　本书适合作为高职高专电气自动化、机电一体化、工业机器人等机电类专业的教材，也可供中职机电类相关专业的学生学习。

图书在版编目(CIP)数据

工控组态技术及实训 / 于玲主编. —北京：化学工业出版社，2018.8

ISBN 978-7-122-32343-9

Ⅰ.①工⋯　Ⅱ.①于⋯　Ⅲ.①工业控制系统-应用软件　Ⅳ.①TP273

中国版本图书馆 CIP 数据核字（2018）第 124356 号

责任编辑：刘　哲

责任校对：边　涛　　　　　　　　　装帧设计：韩　飞

出版发行：化学工业出版社（北京市东城区青年湖南街 13 号　邮政编码 100011）

印　　装：三河市延风印装有限公司

787mm×1092mm　1/16　印张 10½　字数 254 千字　　2018 年 9 月北京第 1 版第 1 次印刷

购书咨询：010-64518888（传真：010-64519686）　　售后服务：010-64518899

网　　址：http：// www.cip.com.cn

凡购买本书，如有缺损质量问题，本社销售中心负责调换。

定　　价：28.00 元　　　　　　　　　　　　　　　　　版权所有　违者必究

前　言

随着我国工业化和信息化进程的加快，工控组态软件在生产实战中扮演着越来越重要的角色，为自动控制系统监控层提供了良好的软件平台和开发环境。用户通过工控组态软件提供的工具、方法，采用类似"搭积木"的简单方式来完成自己所需要的软件功能。工控组态软件广泛应用于电力、水利、市政供排水、燃气、供热、石油、化工、智能建筑等领域的数据采集与控制。

组态王是由北京亚控科技发展有限公司开发的通用工控组态软件，目前在国产组态软件市场中占据着领先地位。本书以组态王 6.52 为基础，较全面地介绍了工控组态软件的功能和应用。参与本书编写的人员有着丰富的工程实践经验，并和北京亚控科技发展有限公司有着长期的合作。教材中理论部分层次清楚，实例实施步骤清晰，易于学生掌握。

全书由三大篇组成。第 1 篇组态王软件，包括 9 章，第 2 篇组态王软件应用实例，包括 4 章，涵盖了工控组态软件——组态王的常用功能和应用实例，介绍了组态王软件的安装过程及程序组的构成和简单应用，并通过建立和运行一个简单的组态王工程，引导学生的学习兴趣，使学生进一步掌握组态王工程浏览器和画面开发系统的具体应用，掌握组态王以 DDE、OPC、ODBC 等方式和其他开放式软件之间的通讯互联。第 3 篇介绍了力控组态监控软件的安装和应用实例。

本书由于玲担任主编，李娜、杜向军任副主编。第 1 篇和第 3 篇主要由天津轻工职业技术学院于玲、沈洁编写；第 2 篇主要由天津轻工职业技术学院李娜和恩智浦半导体公司杜向军编写。天津轻工职业技术学院的谢飞和王春媚参与了本书的编写。全书由王建明教授审稿。

在本书的编写过程中得到了北京亚控科技发展有限公司的大力支持和帮助，在此表示感谢。

由于编者水平有限，书中难免有不妥之处，欢迎广大读者提出宝贵意见。

编　者
2018 年 4 月

目　　录

第1篇　组态王软件

第1章　组态软件与组态王软件概述 ········ 1

1.1 组态软件概述 ·· 1
    1.1.1 组态软件的发展及主要产品介绍···· 2
    1.1.2 组态软件的功能特点 ·················· 3
    1.1.3 推动组态软件发展的动力 ············ 5
1.2 组态王软件概述 ···································· 5
    1.2.1 组态王系统要求 ························ 5
    1.2.2 安装组态王系统程序 ·················· 6
    1.2.3 组态王软件结构 ······················ 12
    1.2.4 组态王软件与I/O设备通信 ·········· 13
1.3 建立一个应用工程 ······························ 13

第2章　建立一个新工程 ······················ 14

2.1 工程管理器 ·· 14
    2.1.1 文件菜单 ······························ 14
    2.1.2 视图菜单 ······························ 15
    2.1.3 工具菜单 ······························ 16
    2.1.4 帮助菜单 ······························ 16
    2.1.5 工具条 ································ 16
2.2 工程浏览器 ·· 23
    2.2.1 工程浏览器 ···························· 23
    2.2.2 工程加密 ······························ 24
2.3 定义I/O设备 ······································ 25
    2.3.1 定义外部设备 ·························· 25
    2.3.2 定义外部设备变量 ···················· 29
课后思考 ·· 32

第3章　创建组态画面 ·························· 33

3.1 设计画面 ·· 33
    3.1.1 建立新画面 ···························· 33
    3.1.2 使用工具箱 ···························· 33
    3.1.3 使用调色板 ···························· 34
    3.1.4 使用图库管理器 ······················ 34
    3.1.5 继续生成画面 ························ 35
3.2 动画连接 ·· 36
    3.2.1 液位示值动画设置 ···················· 36

3.2.2 阀门动画设置 ·························· 37
3.2.3 液体流动动画设置 ···················· 37
3.2.4 动画属性 ······························ 38
3.2.5 点位图 ································ 41
课后思考 ·· 42

第4章　命令语言 ······························ 43

4.1 命令语言功能 ······································ 43
    4.1.1 命令语言概述 ·························· 43
    4.1.2 如何退出系统 ·························· 44
4.2 常用功能的使用 ·································· 45
    4.2.1 定义热键 ······························ 45
    4.2.2 实现画面切换功能 ···················· 47
    4.2.3 设置主画面 ···························· 48
课后思考 ·· 49

第5章　报警和事件 ···························· 50

5.1 建立报警和事件窗口 ···························· 50
    5.1.1 定义报警组 ···························· 50
    5.1.2 设置变量的报警属性 ·················· 51
    5.1.3 建立报警窗口 ························ 52
    5.1.4 报警窗口的操作 ······················ 56
    5.1.5 报警窗口自动弹出 ···················· 57
5.2 报警和事件的输出 ······························ 58
课后思考 ·· 60

第6章　趋势曲线 ······························ 61

6.1 实时趋势曲线的设置 ···························· 61
6.2 历史趋势曲线的设置 ···························· 63
    6.2.1 设置变量的记录属性 ·················· 63
    6.2.2 定义历史数据文件的存储目录 ·········· 64
    6.2.3 创建历史曲线控件 ···················· 64
    6.2.4 运行时修改控件属性 ·················· 68
6.3 调用画面方法 ······································ 71
课后思考 ·· 74

第7章　报表系统 ······························ 75

7.1 实时数据报表 ······································ 75

7.1.1 创建实时数据报表 ·············· 75

7.1.2 实时数据报表打印 ·············· 77

7.1.3 实时数据报表的存储 ·········· 80

7.1.4 实时数据报表的查询 ·········· 81

7.2 历史数据报表 ·························· 83

7.2.1 创建历史数据报表 ·············· 83

7.2.2 历史数据报表的查询 ·········· 83

7.2.3 历史数据报表的其他应用 ···· 85

课后思考 ······································ 90

第8章 用户管理与系统安全 ·········· 91

8.1 组态王的用户配置过程 ·········· 91

8.1.1 设置用户的安全区与权限 ···· 91

8.1.2 设置图形对象的安全区与
权限 ·································· 93

8.2 系统安全的设置 ···················· 94

课后思考 ······································ 95

第9章 画面发布 ···························· 96

9.1 站点信息的设置 ···················· 96

9.1.1 画面发布初始设置 ·············· 96

9.1.2 画面发布过程 ···················· 96

9.2 画面浏览预配置 ···················· 97

9.2.1 添加信任站点 ···················· 97

9.2.2 安装 JRE 插件 ·················· 98

第 2 篇 组态王软件应用实例

第10章 穿销单元监控 ················ 99

10.1 穿销动画效果演示 ················ 99

10.2 定义变量 ···························· 102

10.3 变量连接 ···························· 104

10.4 命令语言 ···························· 104

第11章 模拟钟表 ······················ 107

11.1 画面的制作 ·························· 107

11.2 定义变量 ···························· 108

11.3 动画连接 ···························· 108

第12章 加盖单元 ······················ 113

12.1 画面的制作 ························ 113

12.2 定义变量 ·························· 114

12.3 动画连接 ·························· 114

第13章 工业洗衣机监控 ············ 119

13.1 画面的制作 ························ 119

13.2 定义变量 ·························· 124

13.3 动画连接 ·························· 124

13.4 命令语言 ·························· 128

第 3 篇 力控组态监控软件

第14章 力控组态监控软件概述 ····· 130

14.1 力控组态软件概述 ·············· 130

14.2 力控开发、运行系统 ·········· 131

14.3 实时数据库 ························ 133

14.4 设备通信程序 ···················· 134

14.5 WWW 服务器 ···················· 134

第15章 力控组态监控软件的安装 ··· 136

15.1 安装硬件加密锁 ················ 136

15.2 力控组态软件的安装 ·········· 136

第16章 下料单元监控工程的建立 ····· 142

16.1 下料单元监控工程的建立 ······ 142

16.1.1 下料单元组态监控工程的建立 ··· 142

16.1.2 定义 I/O 设备 ·············· 145

16.1.3 创建实时数据库 ·········· 147

16.1.4 制作动画连接 ············ 148

16.1.5 脚本动作 ···················· 153

16.2 下料单元监控工程的运行 ···· 154

附录 常用函数 ··· 156

参考文献 ·· 159

第1篇　组态王软件

第1章　组态软件与组态王软件概述

1.1　组态软件概述

在使用工控软件中，经常会提到"组态（Configuration）"一词。简单地讲，组态就是用应用软件中提供的工具、方法，完成工程中某一具体任务的过程。与硬件生产相对照，组态与组装类似。如果组装一台电脑，首先会提供各种型号的主板、机箱、电源、CPU、显示器、硬盘及光驱等，用这些部件就可以拼装成电脑。当然，软件中的组态要比硬件的组装有更大的发挥空间，但是它一般要比硬件中的"部件"更多，而且每个"部件"都很灵活，因为软件都有内部属性，通过改变属性就可以改变其规格（如大小、形状、颜色等）。

在组态概念出现之前，要实现某任务，都是通过编写程序（如使用 BASIC、C、FORTRAN等语言）来实现。编写程序不但工作量大、周期长，而且容易犯错误，不能保证工期。组态软件的出现，解决了这个问题。对于过去需要几个月的工作，通过组态，几天就可以完成。

组态软件英文简称有三种，分别为 HMI、MMI、SCADA，对应全称为"Human and Machine Interface""Man and Machine Interface""Supervisory Control and Data Acquisition"。HMI、MMI翻译为人机接口软件，SCADA 翻译为监视控制和数据采集软件。目前组态软件的发展迅猛，已经扩展到企业信息管理系统、管理和控制一体化、远程诊断和维护以及在互联网上的一系列的数据整合。

"组态"的概念是伴随着集散型控制系统（Distributed Control System，DCS）的出现才开始被广大的生产过程自动化技术人员所熟知的。在工业控制技术的不断发展和应用过程中，PC（包括工控机）相比以前的专用系统具有的优势日趋明显。这些优势主要体现在：PC 技术保持了较快的发展速度，各种相关技术成熟；由 PC 构建的工业控制系统具有相对较低的成本；PC 的软件资源和硬件资源丰富，软件之间的互操作性强；基于 PC 的控制系统易于学习和使用，可以容易地得到技术方面的支持。在 PC 技术向工业控制领域的渗透中，组态软件占据着非常特殊而且重要的地位。

组态软件是指一些数据采集与过程控制的专用软件，它们是在自动控制系统监控层一级的软件平台和开发环境，使用灵活的组态方式，可为用户提供快速构建工业自动控制系统监控功能的、通用层次的软件工具。组态软件应该能支持各种工控设备和常见的通信协议，并且通常应提供分布式数据管理和网络功能。对应于原有的 HMI 的概念，组态软件应该是一个使用户能快速建立自己的 HMI 的软件工具或开发环境。在组态软件出现之前，工控领域的用户通过手工或委托第三方编写 HMI 应用，开发时间长、效率低、可靠性差；或者购买专用的工控系统，通常是封闭的系统，选择余地小，往往不能满足需求，很难能与外界进行数据交互，升级和强化功能都受到严重的限制。组态软件的出现，把用户从这些困境中解脱出来，用户可以利用组态软件的功能，构建一套最适合自己的应用系统。随着它的快速发展，实时数据库、实时控制、SCADA、通信及联网、开放数据接口、对 I/O 设备的广泛支持已经成为它的主要内容。随着技术的发展，监控组态软件不断被赋予新的内容。

1.1.1 组态软件的发展及主要产品介绍

（1）组态软件在我国的发展

组态软件产品于 20 世纪 80 年代出现，并在 20 世纪 80 年代末期进入我国。但在 20 世纪 90 年代中期之前，组态软件在我国的应用并不普及。究其原因，大致有以下几点。

① 当时国内用户还缺乏对组态软件的认识，项目中没有组态软件的预算，因此宁愿投入人力、物力，针对具体项目做长周期的繁冗的上位机的编程开发，也不采用组态软件。

② 当时国内的工业自动化和信息技术应用的水平还不高，组态软件提供了对大规模应用、大量数据进行采集、监控、处理，并可以将处理的结果生成管理所需的数据的功能，国内的这些需求并未完全形成。

③ 在很长时间里，国内用户的软件意识还不强，面对价格不菲的进口软件（早期的组态软件多为国外厂家开发），很少有用户愿意去购买正版。

随着工业控制系统应用的深入，在面临规模更大、控制更复杂的控制系统时，人们逐渐意识到原有的上位机编程的开发方式，对项目来说是费时费力、得不偿失的，同时，MIS（Management Information System，管理信息系统）和 CIMS（Computer Intergrated Manufacturing System，计算机集成制造系统）的大量应用，要求工业现场为企业的生产、经营、决策提供更详细和深入的数据，以便优化企业生产经营中的各个环节。因此，在 1995 年以后，组态软件在国内的应用逐渐得到了普及。

（2）国内外主要产品介绍

① InTouch　Wonderware 的 InTouch 软件是最早进入我国的组态软件。在 20 世纪 80 年代末、90 年代初，基于 Windows 3.1 的 InTouch 软件曾让我们耳目一新，并且 InTouch 提供了丰富的图库。但是，早期的 InTouch 软件采用 DDE 方式与驱动程序通信，性能较差，最新的 InTouch7.0 版已完全基于 32 位的 Windows 平台，并且提供了 OPC 支持。

② WinCC　Siemens 的 WinCC 是一套完备的组态开发环境，Siemens 提供类 C 语言的脚本，包括一个高度环境。WinCC 内嵌 OPC 支持，并可对分布式系统进行组态。但 WinCC 的结构较复杂。

③ Fix　Intellution 公司的 Fix6.X 软件提供工控人员熟悉的概念和操作界面，并提供完备的驱动程序（需单独购买）。Intellution 将自己最新的产品系列命名为 iFix。在 iFix 中，Intellution 提供了强大的组态功能，但新版本与以往的 6.X 版本并不兼容。在 iFix 中，Intellution 的产品与 Microsoft 的操作系统、网络进行了紧密的集成。Intellution 也是 OPC（OLE for Process Control）组织的发起成员之一。iFix 的 OPC 组件和驱动程序同样需要单独购买。

④ Citech　CiT 公司的 Citech 是较早进入中国市场的产品。Citech 具有简洁的操作方式，但其操作方式更多的是面向程序员，而不是工控用户。与 iFix 不同的是，Citech 的脚本语言并非是面向对象的，而是类似于 C 语言，这无疑为用户进行二次开发增加了难度。

⑤ 组态王　组态王是国内一家较有影响的组态软件开发公司开发的。组态王提供了资源管理器式的操作主界面，并且提供了以汉字作为关键字的脚本语言支持。组态王也提供多种硬件驱动程序。随着 Internet 技术日益渗透到生产、生活的各个领域，自动化软件的网络

趋势已发展成为整合 IT 与工厂自动化的关键。组态王 6.5 的 Internet 版本立足于门户概念，采用最新的 JAVA2 核心技术，功能更丰富，操作更简单。整个企业的自动化监控将以门户网站的形式呈现给使用者，并且不同工作职责的使用者使用各自的授权口令完成操作，这包括现场的操作者可以完成设备的启停，中控室的工程师可以完成工艺参数的整定，办公室的决策者可以实时掌握生产成本、设备利用率及产量等数据。组态王 6.5 的 Internet 功能逼真再现现场画面，使用户在任何时间、任何地点均可实时掌控企业的每一个生产细节，现场的流程画面、过程数据、趋势曲线、生产报表（支持报表打印和数据下载）、操作记录和报警等均可轻松浏览。当然用户必须要有授权口令才能完成这些。用户还可以自己编辑发布网站首页信息和图标，成为真正企业信息化 Internet 门户。

⑥ ForceControl（力控）　ForceControl（力控）是国内较早出现的组态软件之一。随着 Windows 3.1 的流行，三维公司开发出了 16 位 Windows 版的力控，主要用于公司内部的一些项目。32 位的 1.0 版的力控，在体系结构上已经具备了较为明显的先进性，其最大特征之一是基于真正意义的分布式实时数据库的三层结构，而且实时数据库结构为可组态的活结构。最新推出的 2.0 版在功能的丰富性、易用性、开放性和 I/O 驱动数量方面，都得到了很大的提高。在很多环节的设计上，能从国内用户的角度出发，既注重实用性，又不失大软件的规范。

⑦ Controx（开物）　Controx2000 是全 32 位的组态开发平台，为工控用户提供了强大的实时曲线、历史曲线、报警、数据报表及报告功能。作为国内较早加入 OPC 组织的软件开发商，Controx 内建 OPC 支持，并提供数十种高性能驱动程序。提供面向对象的脚本语言编译器，支持 ActiveX 组件和插件的即插即用，并支持通过 ODBC 连接外部数据库。Controx 同时提供网络支持 Web Server 功能。

⑧ MCGS（Monitor and Control Generated System）　为用户提供了解决实际工程问题的完整方案和开发平台，能够完成现场数据采集、实时和历史数据处理、报警和安全机制、流程控制、动画显示、趋势曲线和报表输出以及企业监控网络等功能。使用 MCGS，用户无需具备计算机编程的知识，就可以在短时间内轻而易举地完成一个运行稳定、功能成熟、维护量小并且具备专业水准的计算机监控系统的开发工作。

其他常见的组态软件还有 GE 的 Cimplicity、Rockwell 的 RsView、NI 的 Lookout、PCSoft 的 Window，它们也都各有特色。

1.1.2　组态软件的功能特点

目前看到的所有组态软件都能完成类似的功能。例如，几乎所有运行于 32 位 Windows 平台的组态软件都采用类似资源浏览的窗口结构，并且对工业控制系统中的各种资源（设备、标签量、画面等）进行配置和编辑；都提供多种数据驱动程序；都使用脚本语言提供二次开发的功能等。但是，从技术上说，各种组态软件提供实现这些功能的方法却各不相同。从这些不同之处及 PC 技术发展的趋势，可以看出组态软件未来发展的方向。

（1）数据采集的方式

大多数组态软件提供多种数据采集程序，用户可以进行配置。然而，在这种情况下，驱动程序只能由组态软件开发商提供，或者由用户按照某种组态软件的接口规范编写，这对用户提出了过高的要求。由 OPC 基金组织提出的 OPC 规范基于微软的 OLE/DOCM 技术，提供了在分布式系统下软件组件交互和共享数据的完整的解决方案。在支持 OPC 的系统中，数据的提供者作为服务器（Server），数据请求者作为客户（Client），服务器和客户之间通过 DCOM 接口进行通信，而无需知道对方内部实现的细节。由于 COM 技术是在二进制代码级实现的，所以服务器和客户可以由不同的厂商提供。在实际应用中，作为服务器的数据采集程序，往往由硬件设备制造商随硬件提供，可以发挥硬件的全部功能，而作为客户的组态软件，可以通过 OPC 与各厂家的驱动程序无缝连接，故从根本上解决了以前采用专用格式驱动程序总是滞后于硬件更新的问题。同时，组态软件同样可以作为服务器为其他的应用系统（如 MIS 等）提供数据。OPC 现在已经得到了包括 Intellution、SIEMENS、GE、ABB 等国外知名厂商的支持。随着支持 OPC 的组态软件和硬件设备的普及，使用 OPC 进行数据采集必将成为组态中更合理的选择。

　　（2）脚本的功能

　　脚本语言是扩充组态系统功能的重要手段。因此，大多数组态软件提供了脚本语言的支持。具体的实现方式可分为三种：一是内置的类 C/Basic 语言；二是采用微软的 VBA 的编程语言；三是有少数组态软件采用面向对象的脚本语言。类 C/Basic 语言要求用户使用类似高级语言的语句书写脚本，使用系统提供的函数调用组合完成各种系统功能。微软的 VBA 是一种相对完备的开发环境，采用 VBA 的组态软件通常使用微软的 VBA 环境和组件技术，把组态系统中的对象以组件方式实现，使用 VBA 的程序对这些对象进行访问。由于 Visual Basic 是解释执行的，所以 VBA 程序的一些语法错误可能到执行时才能发现。而面向对象的脚本语言提供了对象访问机制，对系统中的对象可以通过其属性和方法进行访问，比较容易学习、掌握和扩展，但实现比较复杂。

　　（3）组态环境的可扩展性

　　可扩展性为用户提供了在不改变原有系统的情况下，向系统内增加新功能的能力，这种增强的功能可能来自于组态软件开发商、第三方软件提供商或用户自身。增加功能最常用的手段是 ActiceX 组件的应用，组态软件提供完备的 ActiceX 组件引入功能，实现引入对象在脚本语言中的访问。

　　（4）组态软件的开放性

　　随着管理信息系统和计算机集成制造系统的普及，生产现场数据的应用已经不仅仅局限于数据采集和监控。在生产制造过程中，需要对现场的大量数据进行流程分析和过程控制，以实现对生产流程的调整和优化。现有的组态软件对这些方面的需求还只能以报表的形式提供，或者通过 ODBC 将数据导出到外部数据库，以供其他的业务系统调用，在绝大多数情况下，仍然需要进行再开发才能实现。随着生产决策活动对信息需求的增加，可以预见，组态软件与管理信息系统或领导信息系统的集成必将更加紧密，并很可能以实现数据分析与决策功能的模块形式在组态软件中出现。

　　（5）对 Internet 的支持程度

　　现代企业的生产已经趋向国际化、分布式的生产方式。Internet 将是实现分布式生产的基础。

　　（6）组态软件的控制功能

　　随着以工业 PC 为核心的自动控制集成系统技术的日趋完善和工程技术人员使用组态软件水平的不断提高，用户对组态软件的要求已不像过去那样主要侧重于画面，而是要考虑一些实质性的应用功能，如软件 PLC、先进过程控制策略等。

随着企业提出的高柔性、高效益的要求，以经典控制理论为基础的控制方案已经不能适应需求，以多变量预测控制为代表的先进控制策略的提出和成功应用之后，先进过程控制（Advanced Process Control，APC）受到了过程工业界的普遍关注。先进过程控制是指一类在动态环境中，基于模型，充分借助计算机能力，为工厂获得最大理论而实施的运行和控制策略。先进控制策略主要有双重控制及阀位控制、纯滞后补偿控制、解耦控制、自适应控制、差拍控制、状态反馈控制、多变量预测控制、推理控制、软测量技术及智能控制（专家控制、模糊控制和神经网络控制）等，尤其是智能控制，它已成为开发和应用的热点。目前，国内许多大企业纷纷投资，在装置自动化系统中实施先进控制。国外许多控制软件公司和 DCS 厂商都在竞相开发先进控制和优化控制的工程软件包。可以看出，嵌入先进控制和优化控制策略的组态软件必将受到用户的极大欢迎。

1.1.3　推动组态软件发展的动力

（1）用户的需求

需求是推动组态软件发展的第一动力。组态软件市场的崛起一方面为最终用户节省了系统投资，另外也为用户解决了实际问题。现在用户购买组态软件虽然也需要一定的投资，但是和以前相比，投资额大大地降低。使用组态软件，用户可以做到"花少量的钱，办成大事情"。

在现代化建设中，新项目的上马、基础设施的改造需要组态软件，另一方面，传统产业的改造、所有系统的升级和扩容也需要组态软件的支持。

（2）用户对组态软件的需求变化

专用系统对组态软件的需求所占比例日益提高。组态软件的灵活程度和使用效率是一对矛盾，虽然组态软件提供了很多灵活的技术手段，但是在多数情况下，用户只使用其中的一小部分，在有些应用领域，自动监控的目标及其特性比较单一（或可枚举，或可通过某种模板自主定义、添加、删除、编辑）且数量较多，用户希望自动生成大部分自动监控系统，例如电梯自动监控、铁路信号监控等应用系统。这种应用系统具有一些"傻瓜"型软件的特征，用户只需用组态软件做一些系统硬件及其参数的配置，就可以自动生成某种特定模式的自动监控系统。如果用户对自动生成的监控系统的图形界面不满意，还可以进行任意修改和编辑，这样既满足了用户对简便性的要求，同时又配备了比较完善的编辑工具。

1.2　组态王软件概述

组态王是一种通用的工业监控软件，它融过程控制设计、现场操作以及工厂资源管理于一体，将一个企业内部的各种生产系统和应用以及信息交流汇集在一起，实现最优化管理。它基于 Microsoft Windows XP/NT/2000 操作系统，用户在企业网络的所有层次的各个位置上都可以及时获得系统的实时信息。采用组态王软件开发工业监控工程，可以极大地增强用户生产线的能力，提高工厂的生产力和效率，提高产品的质量，减少成本及原材料的消耗。它适用于从单一设备的生产运营管理和故障诊断，到网络结构分布式大型集中监控管理系统的开发。

1.2.1　组态王系统要求

目前市面上流行的机型一般都满足"组态王"的运行要求，具体要求如下。

- CPU：P4 1G 以上或相当型号。
- 内存：最少 128MB，推荐 256MB，使用 Web 功能或 2000 点以上推荐 512MB。

- 显示器：VGA、SVGA 或支持桌面操作系统的任何图形适配器。要求最少显示 256 色。
- 鼠标：任何 PC 兼容鼠标。
- 通信：RS-232C。
- 并行口或 USB 口：用于接入组态王加密锁。
- 操作系统：Windows 2000（SP4）/XP（SP2）简体中文版。

1.2.2　安装组态王系统程序

"组态王"的安装步骤如下（以 Win2000 下的安装为例，WinXP 下的安装无任何差别）。

第一步　启动计算机系统。

第二步　在光盘驱动器中插入"组态王"软件的安装盘，系统自动启动 Install.exe 安装程序，如图 1-1 所示（也可通过光盘中的 Install.exe 启动安装程序）。该安装界面左面有一列按钮，将鼠标移动到按钮各个位置上时，会在右边图片位置上显示各按钮中安装内容提示，如图 1-1 所示。各个按钮作用如下。

图 1-1　启动组态王安装程序

- "安装阅读"按钮：安装前阅读，用户可以获取到关于版本更新信息、授权信息、服务和支持信息等。
- "安装组态王程序"按钮：安装组态王程序。
- "安装组态王驱动程序"按钮：安装组态王 I/O 设备驱动程序。
- "安装加密锁驱动程序"按钮：安装授权加密锁驱动程序。
- "盘中珍品介绍"按钮：阅读组态王安装光盘中提供的价值包的内容列表及介绍。
- "多媒体教程"按钮：浏览组态王使用入门多媒体教程及产品功能简介。
- "浏览 CD 内容"按钮：浏览光盘的内容，查看典型技术信息及文档。
- "退出"按钮：退出安装程序。

　　第三步　开始安装。点击"安装组态王程序"按钮，将自动安装"组态王"软件到用户的硬盘目录，并建立应用程序组。首先弹出对话框，如图 1-2 所示。

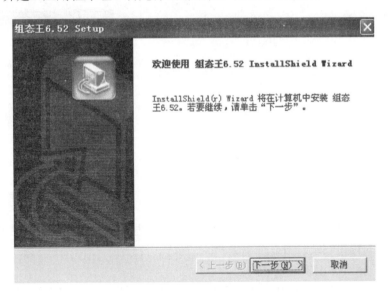

图 1-2　开始安装组态王

　　继续安装应单击"下一步"按钮，弹出"许可证协议"对话框，如图 1-3 所示。该对话框的内容为"北京亚控科技发展有限公司"与"组态王"软件用户之间的法律约定，用户应认真阅读。如果用户同意"协议"中的条款，单击"是"继续安装；如果不同意，单击"否"退出安装。单击"后退"，返回上一个对话框。

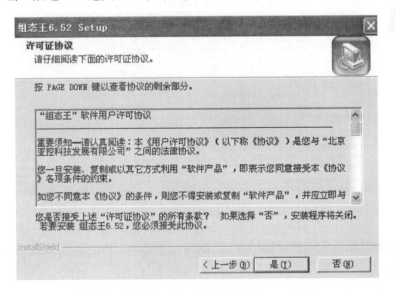

图 1-3　软件许可证协议

　　单击"是"，弹出填写注册信息对话框，如图 1-4 所示。

　　输入"用户名"和"公司名称"。单击"上一步"返回上一个对话框；单击"取消"退出安装程序；单击"下一步"弹出"请确认注册信息"对话框，如图 1-5 所示。

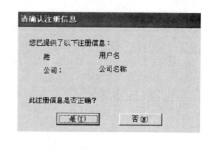

图 1-4　填写注册信息　　　　　　　　　图 1-5　确认注册信息

　　如果对话框中的用户注册信息错误，单击"否"，返回填写注册信息对话框；如果正确，单击"是"，进入程序安装阶段。

　　第四步　选择组态王软件安装路径。

　　确认用户注册信息后，弹出"选择目的地位置"对话框，选择程序的安装路径，如图 1-6 所示。

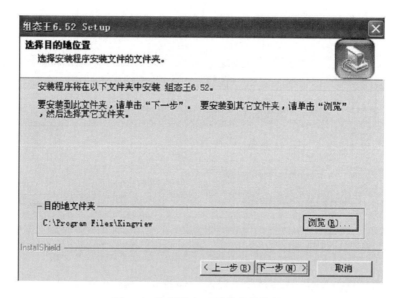

图 1-6　选择组态王系统安装路径

　　由对话框确认组态王软件的安装目录。默认目录为"C:\Program Files\KingView"。若希望安装到其他目录，可单击"浏览"按钮，弹出如图 1-7 所示对话框。

　　在对话框的"路径"中输入新的安装目录，如"C:\Kingview"，输入正确后，单击"确定"按钮，出现如图 1-8 所示对话框。安装程序会按用户的要求创建目标文件夹，目标文件夹变为刚才输入的文件夹。

　　第五步　选择安装类型。

　　单击"下一步"按钮，出现如图 1-9 所示对话框，此对话框确定安装方式。

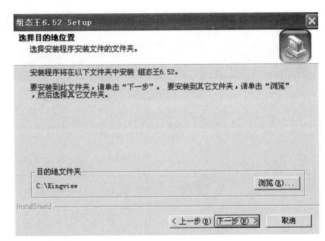

图 1-7　另建组态王安装路径　　　　　　　图 1-8　确定组态王安装路径

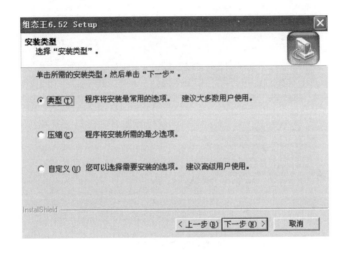

图 1-9　选择安装类型

安装方式共三种：典型安装、压缩安装和自定义安装。

● 典型安装　将安装"组态王"的大部分组件，这些组件如下所述。

"组态王系统文件"：包括组态王开发环境和运行环境。

"OPC 文件"：组态王作为 OPC 服务器时的支持文件。

"图库文件"："图库"中拥有许多精美实用的"图库精灵"，它将使用户创建的工程更具有专业效果，而且更加简捷方便。

"组态王组件"：包括组态王和驱动的"联机帮助""组态王电子手册"和"组态王演示工程"。

组态王示例：画面的分辨率 1024×768。除画面的分辨率，三个工程其他方面都是相同的。

● "压缩安装"　将安装"组态王"所需的最小组件，将不安装帮助文件、示例文件和图库。

● "自定义安装"　将按用户要求安装组件。若选择特定安装，单击"下一步"，将出现如图 1-10 所示对话框。在所需的选项前勾选（最开始时全都已预选）。

第六步　创建程序组。单击"下一步"安装继续，弹出如图 1-11 所示对话框。

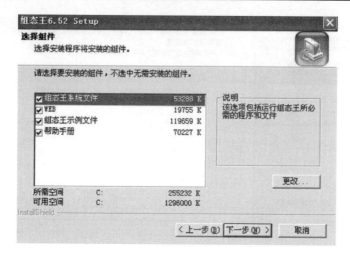

图 1-10　自定义安装选项

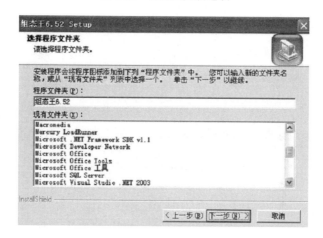

图 1-11　创建程序组

该对话框确认"组态王"系统的程序组名称，也可选择其他名称，如图 1-12 所示。单击"下一步"，将出现如图 1-13 所示对话框。

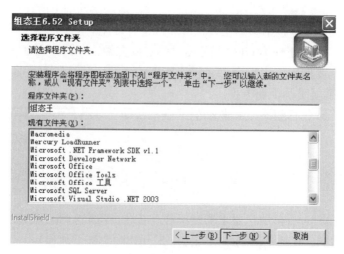

图 1-12　创建程序组——选择程序文件夹

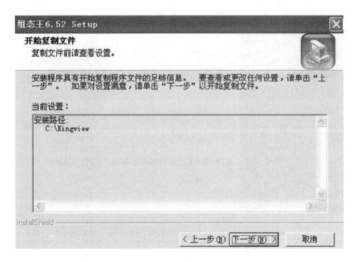

图 1-13　安装程序信息汇总

单击"下一步"，将开始安装。如安装过程中觉得前面有问题，可单击"取消"，停止安装。

第七步　开始安装。安装程序将光盘上的压缩文件解压缩并复制到默认或指定目录下，解压缩过程中有显示进度提示。

第八步　安装结束，弹出如图 1-14 所示对话框。

图 1-14　安装结束时界面

● 安装组态王驱动程序：选中该项，点击"完成"按钮，系统会自动按照组态王的安装路径安装组态王的 I/O 设备驱动程序，具体安装过程这里不详细介绍。如果不选该项，可以以后再安装。

● 安装加密锁驱动程序：选择该项，点击"完成"按钮后，系统会自动启动加密锁驱动安装程序。

如果不选择上述两项，点击"完成"按钮后，系统弹出"重启计算机"对话框，如图 1-15 所示。选中"是"选项，再点击"完成"，将会重新启动计算机；选中"不"选项，再点击

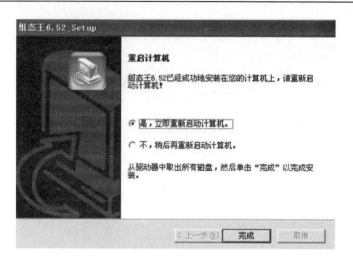

图 1-15 "重启计算机"界面

"完成",将不会重新启动计算机。

单击"完成",将结束此次安装,弹出安装后在 Windows 的开始菜单中存在的项目,如图 1-16 所示。

图 1-16 安装后开始菜单中存在的项目

在系统"开始"→"程序组"中创建的"组态王 6.52"文件夹中生成四个文件快捷方式和三个文件夹。

1.2.3 组态王软件结构

组态王软件结构由工程管理器、工程浏览器及运行系统三部分构成。

工程管理器 工程管理器用于新工程的创建和已有工程的管理,对已有工程进行搜索、添加、备份、恢复以及实现数据词典的导入和导出等功能。

工程浏览器 工程浏览器是一个工程开发设计工具,用于创建监控画面、监控的设备及相关变量、动画链接、命令语言以及设定运行系统配置等的系统组态工具。

运行系统 工程运行界面,从采集设备中获得通信数据,并依据工程浏览器的动画设计显示动态画面,实现人与控制设备的交互操作。

1.2.4　组态王软件与 I/O 设备通信

组态王作为一个开放型的通用工业监控软件，支持与国内外常见的 PLC、智能模块、智能仪表、变频器、数据采集板卡等（如西门子 PLC、莫迪康 PLC、欧姆龙 PLC、三菱 PLC、研华模块等）通过常规通信接口（如串口方式、USB 接口方式、以太网、总线）进行数据通信。

组态王与 I/O 设备进行通信一般是通过直接"*.dll"动态库来实现的，不同的设备对应不同的动态库。工程开发人员无需关心复杂的动态库代码及设备通信协议，只需使用组态王提供的设备定义向导即可定义工程中使用的 I/O 设备，并通过变量的定义实现与 I/O 设备的关联，对用户来说既简单又方便。

1.3　建立一个应用工程

通常情况下，建立一个应用工程大致可分为以下几个步骤。

第一步　创建新工程。为工程创建一个目录，用来存放与工程相关的文件。

第二步　定义硬件设备并添加工程变量。添加工程中需要的硬件设备和工程中使用的变量，包括内存变量和 I/O 变量。

第三步　制作图形画面并定义动画链接。按照实际工程的要求绘制监控画面，并根据实际现场的监控要求，使静态画面随着过程控制对象产生动态效果。

第四步　编写命令语言。用以完成较复杂的控制过程。

第五步　进行运行系统的配置。对系统数据保存时间、网络参数、打印机、运行模式等进行设置，是系统运行前的必备工作。

第六步　保存工程并运行。

完成以上步骤后，一个简单的工程就制作完成了。

第2章　建立一个新工程

2.1　工程管理器

在组态王中，所建立的每一个组态称为一个工程。每个工程反映到操作系统中是一个包括多个文件的文件夹，工程的建立则通过工程管理器。组态王工程管理器用来建立新工程，对添加到工程管理器的工程做统一的管理。工程管理器的主要功能包括：新建、删除工程，对工程重命名，搜索组态王工程，修改工程属性，工程备份、恢复，数据词典的导入导出，切换到组态王开发或运行环境等。如果已经正确安装了"组态王 6.52"，可以通过以下方式启动工程管理器。

点击"开始"→"程序"→"组态王 6.52"，或直接双击桌面上组态王的快捷方式，启动后的工程管理窗口如图 2-1 所示。

图 2-1　工程管理器界面

下面将对工程管理器的界面功能进行介绍。

2.1.1　文件菜单

单击"文件(F)"菜单，或按下[Alt]+[F]热键，弹出下拉式菜单，如图 2-2 所示。

（1）新建工程(N)

该菜单命令为新建一个组态王工程。但此处新建的工程，在实际上并未真正创建工程，只是在用户给定的工程路径下设置了工程信息。当用户将此工程作为当前工程，并且切换到组态王开发环境时才真正创建工程。

（2）搜索工程(S)

该菜单命令为搜索用户指定目录下的所有组态王工程（包括不同版本、不同分辨率的工程），将其工程名称、工程所在路径、分辨率、开发工程时用的组态王软件版本、工程描述文本等信息加入到工程管理器中。搜索出的工程包括指定目录和其子目录下的所有工程。

图 2-2　"文件"菜单

（3）添加工程(A)

该菜单命令主要是单独添加一个已经存在的组态王工程，并将其添加到工程管理器中来（与搜索工程不同的是：搜索工程是添加搜索到的指定目录下的所有组态王工程）。

（4）设为当前工程(C)

该菜单命令将工程管理器中选中加亮的工程设置为组态王的当前工程。以后进入组态王开发系统或运行系统时，系统将默认打开该工程。被设置为当前工程的工程，在工程管理器信息框的表格的第一列中用一个图标（小红旗）来标识。

（5）删除工程(D)

该菜单命令将删除在工程管理器信息显示区中当前选中加亮的但没有被设置为当前工程的工程。

（6）重命名(R)

该菜单命令将当前选中加亮的工程名称进行修改。图 2-3 所示为"重命名工程"对话框。在"工程原名"文本框中显示工程的原名称，该项不可修改。在"工程新名"文本框中输入工程的新名称。单击"确定"，确认修改结果；单击"取消"，退出工程重命名操作。

图 2-3　"重命名工程"对话框

（7）工程属性(P)

该菜单命令将修改当前选中加亮工程的工程属性。

（8）清除工程信息(E)

该菜单命令是将工程管理器中当前选中的高亮显示的工程信息条从工程管理器中清除，不再显示。执行该命令不会删除工程或改变工程。用户可以通过"搜索工程"或"添加工程"，重新使该工程信息显示到工程管理器中。

（9）退出(X)

退出组态王工程管理器。

2.1.2　视图菜单

单击"视图(V)"菜单，或按下[Alt]+[V]热键，弹出下拉式菜单，如图 2-4 所示。

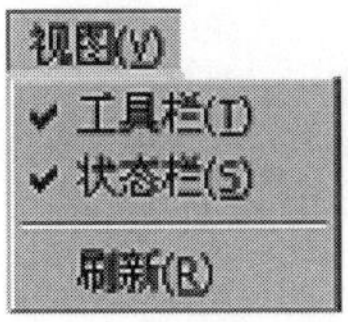

图 2-4　"视图"菜单

（1）工具栏(T)

选择是否显示工具栏。当"工具栏"被选中时（有对勾标志），显示工具栏；否则不显示。

（2）状态栏(S)

选择是否显示状态栏。当"状态栏"被选中时（有对勾标志），显示状态栏；否则不显示。

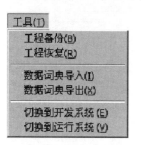

图 2-5 "工具"菜单

（3）刷新(R)

刷新工程管理器窗口。

2.1.3 工具菜单

单击"工具(T)"菜单，或按下[Alt]+[T]热键，弹出下拉式菜单，如图 2-5 所示。

（1）工程备份(B)

该菜单命令是将工程管理器中当前选中加亮的工程，按照组态王指定的格式进行压缩备份。

（2）工程恢复(R)

该菜单命令是将组态王的工程恢复到压缩备份前的状态。

（3）数据词典导入(I)

为了使用户更方便地使用、查看、定义或打印组态王的变量，组态王提供了数据词典的导入导出功能。数据词典导入命令是将 Excel 中定义好的数据或将由组态王工程导出的数据词典导入到组态王工程中。该命令常和数据词典导出命令配合使用。

（4）数据词典导出(X)

该菜单命令是将组态王的变量导出到 Excel 格式的文件中，用户可以在 Excel 文件中查看或修改变量的一些属性，或直接在该文件中新建变量并定义其属性，然后导入到工程中。该命令常和数据词典导入命令配合使用。

（5）切换到开发系统(E)

执行该命令进入组态王开发系统，同时将自动关闭工程管理器。打开的工程为工程管理器中指定的当前工程（标有当前工程标志的工程）。

（6）切换到运行系统(V)

执行该命令进入组态王运行系统，同时将自动关闭工程管理器。打开的工程为工程管理器中指定的当前工程（标有当前工程标志的工程）。

2.1.4 帮助菜单

执行"关于组态王工程管理器(A)…"命令，将弹出组态王工程管理器的版本号和版权等信息。

2.1.5 工具条

组态王工程管理器工具条如图 2-6 所示。

图 2-6 工程管理器工具条

（1） 搜索

单击此快捷键，在弹出的"浏览文件夹"对话框中选择某一驱动器或某一文件夹，系统将搜索指定目录下的组态王工程，并将搜索完毕的工程显示在工程列表区中。

"搜索"是用来把计算机的某个路径下的所有的工程一起添加到组态王的工程管理器，

它能够自动识别所选路径下的组态王工程，为用户一次添加多个工程提供了方便。点击"搜索"图标，弹出"浏览文件夹"，如图 2-7 所示。选定要添加工程的路径，如图 2-8 所示。

图 2-7　搜索工程浏览文件夹对话框

图 2-8　搜索工程路径选择

将要添加的工程添加到工程管理器中，如图 2-9 所示，以方便工程的集中管理。

K 组态王工程管理器						
文件(F)　视图(V)　工具(T)　帮助(H)						
搜索　新建　删除　属性　备份　恢复　DB导出　DB导入　开发　运行						
工程名称	路径		分辨率	版本	描述	
Kingdemo1	e:\program files\kingview\examp...		640*480	6.52	组态王6.52演示工程640X480	
Kingdemo2	e:\program files\kingview\examp...		800*600	6.52	组态王6.52演示工程800X600	
Kingdemo3	e:\program files\kingview\examp...		1024*768	6.52	组态王6.52演示工程1024...	
我的工程	c:\documents and settings\wenmi...		0*0	0	反应车间监控中心	
沧州医院...	d:\客户工程\客户工程\aier		1024*768	6.50		
立体车库...	d:\客户工程\客户工程\liti\liti		1024*768	6.50		
天津鸥翔...	d:\客户工程\客户工程\天津红翔锅炉		1024*768	6.50	鸥翔供热站锅炉自控工程...	
杭州	d:\客户工程\客户工程\杭州\杭州\...		1024*768	6.51		
完成					数字	

图 2-9　"组态王工程管理器"窗口

　　单击工程浏览窗口"文件"菜单中的"添加工程"命令，可将保存在目录中指定的组态王工程添加到工程列表区中，以备对工程进行管理。

　　（2）[新建]

　　单击此快捷键，弹出新建工程对话框，建立组态王工程。点击工程管理器上的"新建"，弹出"新建工程向导之一"对话框，如图 2-10 所示。

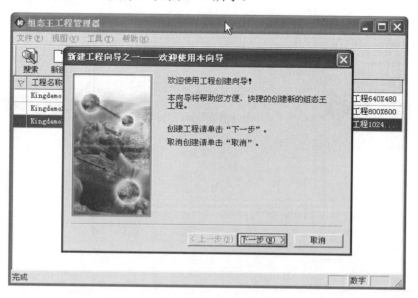

图 2-10　新建工程向导之一

　　点击"下一步"，弹出"新建工程向导之二"对话框，如图 2-11 所示。

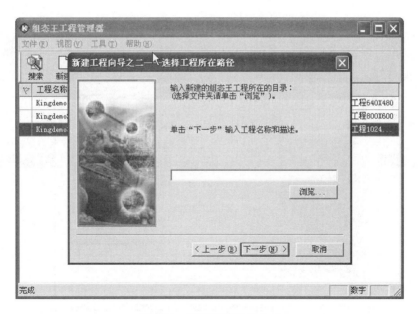

图 2-11 新建工程向导之二

点击"浏览",选择新建工程所要存放的路径,如图 2-12 所示。

图 2-12 新建工程存放的路径

点击"打开",选择路径完成,如图 2-13 所示。

点击"下一步",进入"新建工程向导之三"对话框,如图 2-14 所示,在"工程名称"处写上要给工程起的名字。

"工程描述"是对工程进行详细说明(注释作用)。这里的工程名称是"我的工程",工程描述是"反应车间监控中心"。

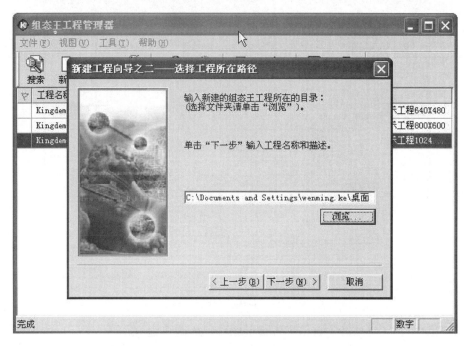

图 2-13　选择路径完成

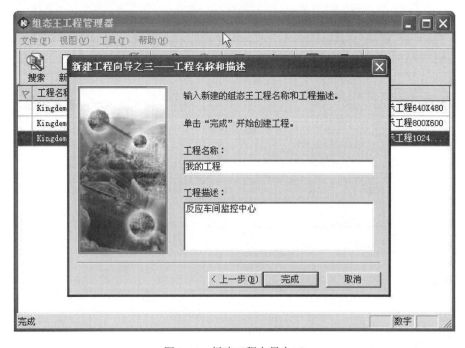

图 2-14　新建工程向导之三

　　点击"完成"，会出现"是否将新建的工程设为组态王当前工程"的提示，如图 2-15 所示。选择"是"，生成图 2-16 所示状态。组态王的当前工程的意义是指直接开发或运行所指定的工程。点击"开发"，可以直接进入组态王工程浏览器。

图 2-15　选择建立当前工程

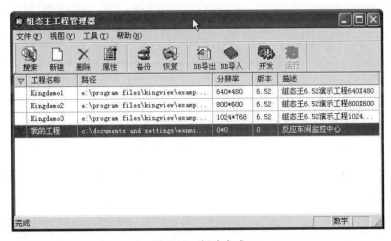

图 2-16　新建完成

（3）删除

在工程列表区中选择任一工程后，单击此快捷键，删除选中的工程。

（4）属性

在工程列表区中选择任一工程后，单击此快捷键，弹出"工程属性"对话框，如图 2-17 所示。在工程属性窗口中查看并修改工程属性。

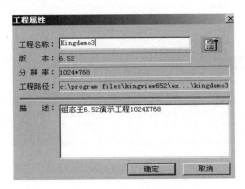

图 2-17　"工程属性"对话框

（5） 备份

工程备份是在需要保留工程文件的时候，把组态王工程压缩成组态王自己的".cmp"文件。
点击"工程管理器"上的"备份"图标，弹出"备份工程"对话框，如图 2-18 所示。

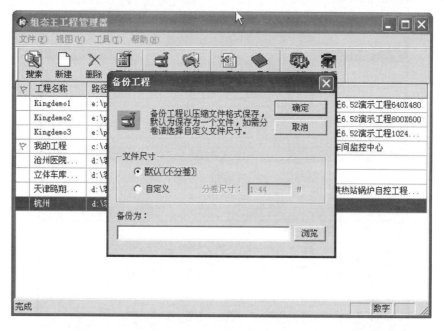

图 2-18　"备份工程"对话框

选择"默认（不分卷）"选项，并单击"浏览"，选择备份要存放的路径，给备份文件起
个名字，点击"保存"，如图 2-19 所示。

图 2-19　备份工程存放路径

点击"确定"开始备份，生成备份文件。备份完成，如图 2-20 所示。

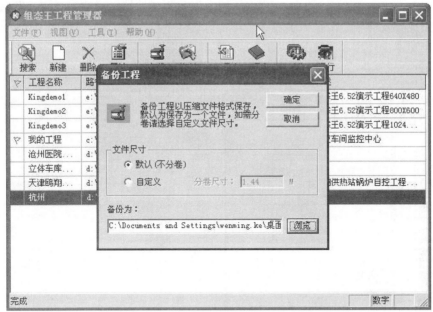

图 2-20　备份完成

（6） 恢复

单击此快捷键，可将备份的工程文件恢复到工程列表区中。

（7）DB 导出

利用此快捷键，可将组态王工程数据词典中的变量导出到 Excel 表格中，用户可在 Excel 表格中查看或修改变量的属性。在工程列表区中选择任一工程后，单击此快捷键，在弹出的"浏览文件夹"对话框中输入保存文件的名称，系统自动将选中工程的所有变量导出到 Excel 表格中。

（8）DB 导入

利用此快捷键，可将 Excel 表格中编辑好的数据或利用"DB 导出"命令导出的变量导入到组态王数据词典中。在工程列表区中选择任一工程后，单击此快捷键，在弹出的"浏览文件夹"对话框中选择导入的文件名称，系统自动将 Excel 表格中的数据导入到组态王工程的数据词典中。

（9）开发

在工程列表区中选择任一工程后，单击此快捷键，进入工程的开发环境。

（10）运行

在工程列表区中选择任一工程后，单击此快捷键，进入工程的运行环境。

2.2　工程浏览器

2.2.1　工程浏览器

工程浏览器是组态王 6.52 的集成开发环境。在这里用户可以看到工程的各个组成部分，包括 Web、文件、数据库、设备、系统配置、SQL 访问管理器，它们以树形结构显示在工程浏览器窗口的左侧。组态王开发系统内嵌于组态王工程浏览器，又称为画面开发系统，是应用程序的集成开发环境，工程人员在这个环境里进行系统开发。

工程浏览器的使用和 Windows 的资源管理器类似，如图 2-21 所示。

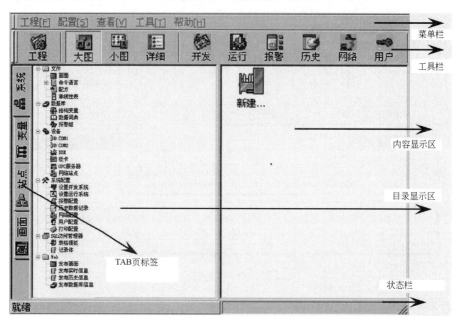

图 2-21 组态王工程浏览器

工程浏览器由菜单栏、工具栏、工程目录显示区、目录内容显示区、状态栏组成。工程"目录显示区"以树形结构图显示大纲项节点，用户可以扩展或收缩工程浏览器中所列的大纲项。

2.2.2 工程加密

工程加密是为了保护工程文件不被其他人随意修改，只有设定密码的人或知道密码的人才可以对工程做编辑或修改。加密的步骤如下。

点击"工具"，选择"工程加密"选项，如图 2-22 所示。

图 2-22 工程加密位置

在弹出的"工程加密处理"对话框中设定密码，如图 2-23 所示。

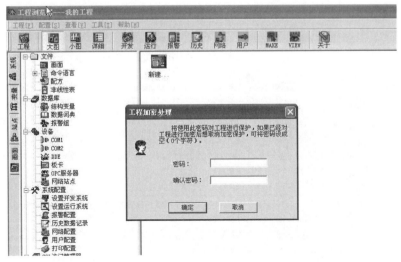

图 2-23 "工程加密处理"对话框

点击"确定"，密码设定成功。如果退出开发系统，下次再进的时候就会提示要密码。

注意 如果没有密码，则无法进入开发系统，工程开发人员一定要牢记密码。

2.3 定义 I/O 设备

组态王把那些需要与之交换数据的硬件设备或软件程序都作为外部设备使用。外部硬件设备通常包括 PLC、仪表、模块、变频器、板卡等；外部软件程序通常包括 DDE、OPCS 等服务程序。按照计算机和外部设备的通信连接方式，可分为串行通信（RS-232/422/485）、以太网、专用通信卡（如 CP5611）等。

在计算机和外部设备硬件连接好后，为了实现组态王和外部设备的实时数据通信，必须在组态王的开发环境中对外部设备和相关变量加以定义。为方便用户定义外部设备，组态王设计了"设备配置向导"，引导用户一步步完成设备的连接。

本教程以实现组态王和亚控公司自行设计的仿真 PLC（仿真程序）的通信为例，讲解在组态王中如何定义设备和相关变量（实际硬件设备和变量定义方式与其类似）。

注意 在实际的工程中，组态王连接现场的实际采集设备，采集现场的数据。

2.3.1 定义外部设备

① 在组态王工程浏览器树形目录中选择设备，在右边的工作区中出现了"新建"图标，双击此"新建"图标，弹出"设备配置向导"对话框，如图 2-24 所示。

说明 "设备"下的子项中默认列出的项目表示组态王和外部设备几种常用的通信方式，如 COM1、COM2、DDE、板卡、OPC 服务器、网络站点，其中 COM1、COM2 表示组态王支持串口的通信方式，DDE 表示支持通过 DDE 数据传输标准进行数据通信，其他类似。

特别说明 标准的计算机都有两个串口，所以此处作为一种固定显示形式，不表示组态王只支持 COM1、COM2，也不表示组态王计算机上肯定有两个串口，并且"设备"项下面也不会显示计算机中实际的串口数目，用户通过设备配置向导，选择实际设备所连接的 PC

串口即可。

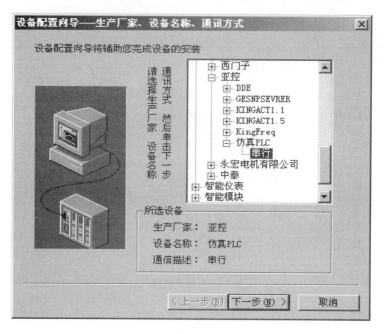

图 2-24　设备配置向导

② 在上述对话框选择亚控提供的"仿真 PLC"的"串行"项后，单击"下一步"，弹出对话框，如图 2-25 所示。

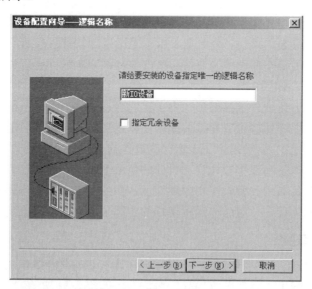

图 2-25　设备逻辑名称

③ 为仿真 PLC 设备取一个名称，如"PLC1"，单击"下一步"，弹出"选择串口号"对话框，如图 2-26 所示。

④ 为设备选择连接的串口为 COM1，单击"下一步"，弹出设备地址设置对话框，如图 2-27 所示。

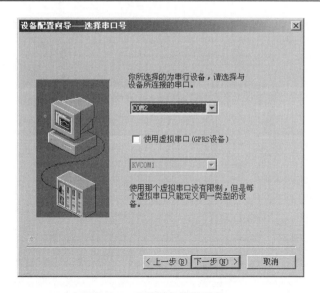

图 2-26　选择设备连接的串口

图 2-27　填入 PLC 设备地址

在连接现场设备时，设备地址处填写的地址要和实际设备地址完全一致。

注意　组态王对所支持的设备及软件都提供了相应的联机帮助，指导用户进行设备的定义，用户在实际定义相关的设备时，点击图 2-27 中所显示的"地址帮助"按钮，即可获取相关帮助信息。

⑤　此处填写设备地址为 0，单击"下一步"，弹出"通信参数"对话框，如图 2-28 所示。

⑥　设置通信故障恢复参数（一般情况下使用系统默认设置即可）。图 2-28 中的重要设置项说明如下。

a. 尝试恢复间隔：当组态王和设备通信失败后，组态王将根据此处设定的时间定期和设备尝试通信一次。

b. 最长恢复时间：当组态王和设备通信失败后，超过此设定时间仍然和设备通信不上的，组态王将不再尝试和此设备进行通信，除非重新启动运行组态王。

图 2-28　填入设备通信参数

c. 使用动态优化：此项参数可以优化组态王的数据采集。如果选中动态优化选项，则以下任一条件满足时组态王将执行该设备的数据采集：

- 当前显示画面上正在使用的变量；
- 历史数据库正在使用的变量；
- 报警记录正在使用的变量；
- 命令语言中正在使用的变量。

任一条件都不满足时将不采集。当"使用动态优化"项不选择时，组态王将按变量的采集频率周期性地执行数据采集任务。单击"下一步"，系统弹出"信息总结"对话框，如图2-29所示。

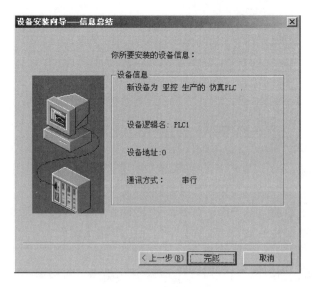

图 2-29　配置信息汇总

⑦ 检查各项设置是否正确，确认无误后，单击"完成"。设备定义完成后，用户可以在

COM1 项下看到新建的设备"PLC1"。

⑧ 双击 COM1 口，弹出串口通信参数设置对话框，如图 2-30 所示。由于定义的是一个仿真设备，所以串口通信参数可以不必设置，但在工程中连接实际的 I/O 设备时，必须对串口通信参数进行设置且设置项要与实际设备中的设置项完全一致（包括波特率、数据位、停止位、奇偶校验选项的设置），否则会导致通信失败。

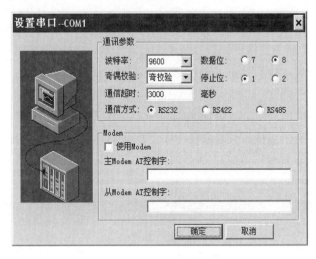

图 2-30　设置串口参数

2.3.2　定义外部设备变量

在组态王工程浏览器中提供了"数据库"项供用户定义设备变量。

数据库是"组态王"最核心的部分。在 TouchView 运行时，工业现场的生产状况要以动画的形式反映在屏幕上，操作者在计算机前发布的指令也要迅速送达生产现场，所有这一切都是以实时数据库为核心，所以说数据库是联系上位机和下位机的桥梁。

数据库中变量的集合形象地称为"数据词典"，数据词典记录了所有用户可使用的数据变量的详细信息。

注意　在组态王软件中数据库分为实时数据库和历史数据库。

（1）数据词典中变量的类型

数据词典中存放的是应用工程中定义的变量以及系统变量。变量可以分为基本类型和特殊类型两大类，基本类型的变量又分为内存变量和 I/O 变量两种。

"I/O 变量"指的是组态王与外部设备或其他应用程序交换的变量。这种数据交换是双向的、动态的，就是说在组态王系统运行过程中，每当 I/O 变量的值改变时，该值就会自动写入外部设备或远程应用程序；每当外部设备或远程应用程序中的值改变时，组态王系统中的变量值也会自动改变。所以，那些从下位机采集来的数据、发送给下位机的指令，如反应罐液位、电源开关等变量，都需要设置成"I/O 变量"。

内存变量是指那些不需要和外部设备或其他应用程序交换，只在组态王内使用的变量，如计算过程的中间变量，就可以设置成"内存变量"。

基本类型的变量也可以按照数据类型分为离散型、实型、整型和字符串型。

① 内存离散型变量、I/O 离散型变量　类似一般程序设计语言中的布尔（BOOL）变量，

只有 0、1 两种取值，用于表示一些开关量。

② 内存实型变量、I/O 实型变量　类似一般程序设计语言中的浮点型变量，用于表示浮点数据，取值范围 $10e^{-38} \sim 10e^{38}$，有效值 7 位。

③ 内存整型变量、I/O 整型变量　类似一般程序设计语言中的有符号长整数型变量，用于表示带符号的整型数据，取值范围 $-2147483648 \sim 2147483647$。

④ 内存字符串型变量、I/O 字符串型变量　类似一般程序设计语言中的字符串变量，可用于记录一些有特定含义的字符串，如名称、密码等。该类型变量可以进行比较运算和赋值运算。

特殊变量类型有报警窗口变量、报警组变量、历史趋势曲线变量、时间变量四种。

对于下面将要建立的演示工程，需要从下位机采集原料油罐的液位、原料油罐的压力、催化剂液位和成品油液位，所以需要在数据库中定义这四个变量。因为这些数据是通过驱动程序来采集的，所以四个变量的类型都是 I/O 实型变量。变量定义方法如下。

在工程浏览器树形目录中选择"数据词典"，在右侧双击"新建"图标，弹出"定义变量"对话框，如图 2-31 所示。

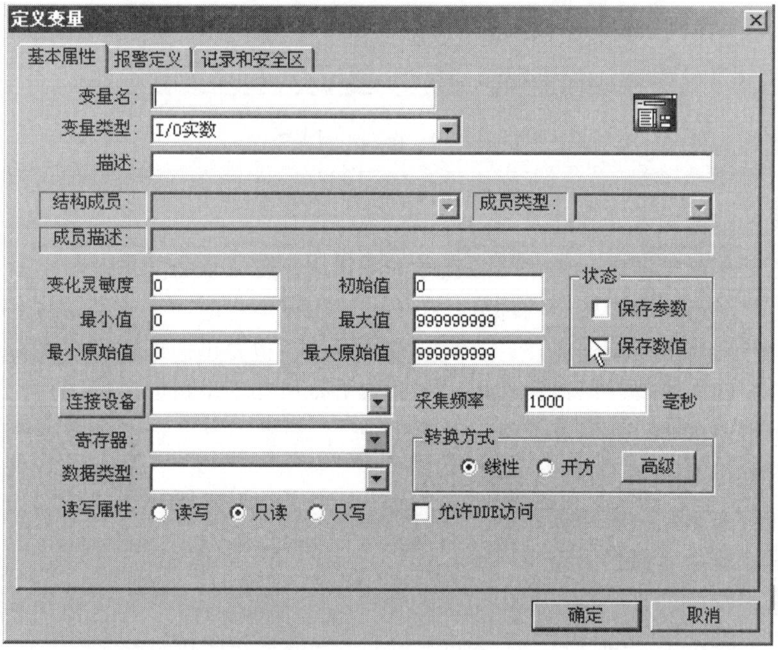

图 2-31　"定义变量"对话框

在对话框中添加变量如下。

- 变量名：原料油液位。
- 变量类型：I/O 实数。
- 变化灵敏度：0。
- 初始值：0。
- 最小值：0。
- 最大值：100。
- 最小原始值：0。

- 最大原始值：100。
- 转换方式：线性。
- 连接设备：PLC1。
- 寄存器：DECREA100。
- 数据类型：SHORT。
- 采集频率：1000ms。
- 读写属性：只读。

英文字母的大小写无关紧要，设置完成后单击"确定"。

用类似的方法建立另外三个变量：原料油罐压力、催化剂液位和成品油液位。

此外，由于演示工程的需要，还需建立三个离散型内存变量：原料油出料阀、催化剂出料阀、成品油出料阀。

在该演示工程中使用的设备为上述建立的仿真 PLC。仿真 PLC 提供四种类型的内部寄存器：INCREA 、DECREA 、RADOM、STATIC。寄存器 INCREA 、DECREA 、RADOM、STATIC 的编号从 1～1000，变量的数据类型均为整型（即 SHORT）。

- 递增寄存器 INCREA100　变化范围 0～100 ，表示该寄存器的值周而复始地由 0 递加到 100。
- 递减寄存器 DECREA100　变化范围 0～100 ，表示该寄存器的值周而复始地由 100 递减为 0。
- 随机寄存器 RADOM100　变化范围 0～100 ，表示该寄存器的值在 0～100 之间随机的变动。
- 静态寄存器 STATIC100　该寄存器变量是一个静态变量，可保存用户下发的数据。当用户写入数据后就保存下来，并可供用户读出。STATIC100 表示该寄存器变量能够接收 0～100 之间的任意一个整数。

（2）变量重要属性说明

① 变化灵敏度　数据类型为实型或整型时此项有效。只有当该数据变量的值变化幅度超过设置的"变化灵敏度"时，组态王才更新与之相连接的图素（缺省为 0）。

② 保存参数　选择此项后，在系统运行时，如果用户修改了此变量的域值（可读可写型），系统将自动保存修改后的域值。当系统退出后再次启动时，变量的域值保持为最后一次修改的域值，无需用户再去重新设置。

③ 保存数值　选择此项后，在系统运行时，当变量的值发生变化后，系统将自动保存该值。当系统退出后再次启动时，变量的值保持为最后一次变化的值。

④ 最小原始值　针对 I/O 整型、实型变量，为组态王直接从外部设备中读取到的最小值。

⑤ 最大原始值　针对 I/O 整型、实型变量，为组态王直接从外部设备中读取到的最大值。

⑥ 最小值　用于在组态王中将读取到的原始值转化为具有实际工程意义的工程值，并在画面中显示，与最小原始值对应。

⑦ 最大值　用于在组态王中将读取到的原始值转化为具有实际工程意义的工程值，并在画面中显示，与最大原始值对应。

最小原始值、最大原始值和最小值、最大值这四个数值是用来确定原始值与工程值之间的转换比例（当最小值和最小原始值一样、最大值和最大原始值一样时，组态王中显示的值和外部设备中对应寄存器的值一样）。原始值到工程值之间的转换方式有线性和平方根两种，线性方式是把最小原始值到最大原始值之间的原始值,线性转换到最小值至最大值之间。工程中比较常用的转换方式是线性转换,下面将以具体的实例进行讲解。

【例 2-1】 以 ISA 板卡的模拟量输入信号（A/D）为例进行讲解。

最小原始值、最大原始值为组态王 ISA 总线上获取到的模拟信号转换值。当板卡的 A/D 转换分辨率为 12 位时,则经过板卡的 A/D 转换器传送到 ISA 总线上的二进制数据为 0~4095。所以最小原始值定为 0,最大原始值为 4095。如果用户希望在画面中显示板卡模拟通道实际输入的电压,则可以将最小值和最大值分别定义为板卡该通道的允许电压和电流的输入范围。例如板卡输入范围 0~5V,则最大值是 5,最小值是 0。

【例 2-2】 以 PLC 为例进行讲解。

以组态王读取西门子 S7200 PLC 中 VW0 的数据为例,如果希望读取到 PLC 中对应地址的值,则其最小原始值和最大原始值必须和 PLC 中 VW0 的值范围完全一致。如当 PLC 中 VW0 值范围为 0~65535 ,则组态王中最小原始值为 0,最大原始值为 65535;当用户希望在组态王中将此值对应一个 0~100℃的温度范围时,则可以将最小原始值设置为 0,最大原始值设置为 100 即可。

⑧ 数据类型 只对 I/O 类型的变量起作用,共有 9 种类型。

- Bit:1 位,0 或 1。
- Byte:8 位,一个字节。
- Short:16 位,2 个字节。
- Ushort:16 位,2 个字节。
- BCD:16 位,2 个字节。
- Long:32 位,4 个字节。
- LongBCD:32 位,4 个字节。
- Float:32 位,4 个字节。
- String:128 个字符长度。

至此,数据变量已经完全建立起来,而对于大批同一类型的变量,组态王还提供了可以快速成批定义变量的方法,即结构变量的定义。下面的任务将是使画面上的图素运动起来,实现一个动画效果的监控系统。

课 后 思 考

练习在新工程中定义几个熟悉的设备和变量。

第3章 创建组态画面

3.1 设计画面

3.1.1 建立新画面

为建立一个新的画面，应执行以下操作。

① 在工程浏览器左侧的"工程目录显示区"中选择"画面"选项，在右侧视图中双击"新建"图标，弹出"新画面"对话框，如图 3-1 所示。

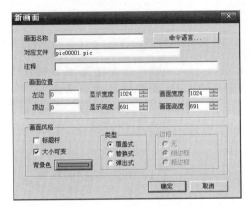

图 3-1 "新画面"对话框

② 新画面属性设置如下。

- 画面名称：反应车间监控画面。
- 对应文件：pic00001.pic（自动生成，也可以用户自己定义）。
- 注释：反应车间的监控中心——主画面。
- 画面风格：覆盖式。
- 画面位置：

左边：0。

顶边：0。

显示宽度：800。

显示高度：600。

画面宽度：800。

画面高度：600。

③ 在对话框中单击"确定"。TouchExplorer 按照指定的风格产生出一幅名为"监控中心"的画面。

3.1.2 使用工具箱

接下来在此画面中绘制各种图素。绘制图素的主要工具放置在图形编辑工具箱内。当画面打开时，工具箱自动显示。工具箱中的每个工具按钮都有"浮动提示"，帮助用户了解工具的用途。

① 如果工具箱没有出现，选择"工具"菜单中的"显示工具箱"或按[F10]键将其打开。工具箱中各种基本工具的使用方法和 Windows 中的"画笔"很类似，如图 3-2 所示。

② 在工具箱中单击文本工具 T ，在画面上输入文字：反应车间监控画面。

③ 如果要改变文本的字体、颜色和字号，先选中文本对象，然后在工具箱内选择字体工具 。在弹出的"字体"对话框中修改文本属性。

3.1.3 使用调色板

选择"工具"菜单中的"显示调色板"，或在工具箱中选择 按钮，弹出调色板画面（注意，再次单击 就会关闭调色板画面），如图 3-3 所示。

图 3-2 工具箱

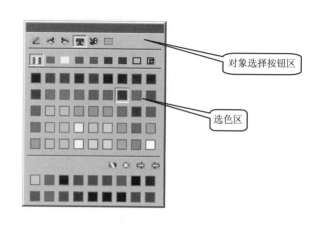

对象选择按钮区

选色区

图 3-3 调色板

选中文本，在调色板上按下"对象选择按钮区"中"字符色"按钮（图 3-3），然后在"选色区"选择某种颜色 ，则该文本就变为相应的颜色。

3.1.4 使用图库管理器

选择"图库"菜单中"打开图库"命令或按[F2]键打开图库管理器，如图 3-4 所示。

使用图库管理器，降低了工程人员设计界面的难度，用户更加集中精力于维护数据库和增强软件内部的逻辑控制，缩短开发周期。同时用图库开发的软件将具有统一的外观，方便工程人员学习和掌握。另外利用图库的开放性，工程人员可以生成自己的图库元素。

在图库管理器左侧图库名称列表中选择图库名称"反应器" ，选中后双击鼠标，图库管理器自动关闭。在工程画面上鼠标位置出现 "│" 标志，在画面上单击鼠标，该图素就被放置在画面上作为原料油罐，拖动边框到适当的位置，改变其至适当的大小，并利用 T 工具标注此罐为"原料油罐"。

重复上述操作，在图库管理器中选择不同的图素，分别作为催化剂罐和成品油罐，并分别标注为"催化剂罐""成品油罐"。

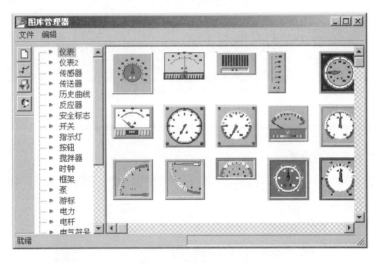

图 3-4　图库管理器

3.1.5　继续生成画面

① 选择工具箱中的立体管道工具 ，在画面上鼠标图形变为"+"形状，在适当位置作为立体管道的起始位置，按住鼠标左键移动鼠标到结束位置后双击，则立体管道在画面上显示出来。如果立体管道需要拐弯，只需在折点处单击鼠标，然后继续移动鼠标，就可实现折线形式的立体管道绘制。

② 选中所画的立体管道，在调色板上按下"对象选择按钮区"中"线条色"按钮，在"选色区"中选择某种颜色，则立体管道变为相应的颜色。选中立体管道，在立体管道上单击右键，在弹出的右键菜单中选择"管道宽度"修改立体管道的宽度。

③ 打开图库管理器，在阀门图库中选择 图素，双击后在反应车间监控画面上单击鼠标，则该图素出现在相应的位置，移动到原料油罐和成品油罐之间的立体管道上，并拖动边框改变其大小，并在其旁边标注文本：原料油出料阀。

④ 重复以上的操作在画面上添加催化剂出料阀和成品油出料阀。最后生成的画面如图3-5 所示。

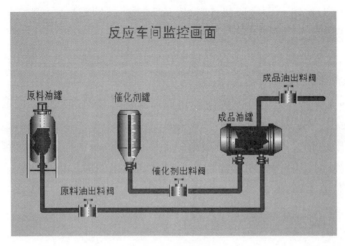

图 3-5　整体画面

至此，一个简单的反应车间监控画面就建立起来了。

选择"文件"菜单的"全部存"命令将所完成的画面进行保存。

3.2　动　画　连　接

所谓"动画连接"，就是建立画面的图素与数据库变量的对应关系。

3.2.1　液位示值动画设置

① 打开"监控中心"画面，在画面上双击"原料油罐" 图形，弹出该图库的动画连接对话框，如图 3-6 所示。

图 3-6　动画连接对话框

对话框设置如下。

- 变量名（模拟量）：\\本站点\原料油液位
- 填充颜色：绿色。
- 最小值：0,　　　　　　　　　占据百分比：0。
- 最大值：100,　　　　　　　　占据百分比：100。

② 单击"确定"按钮，完成原料油罐的动画连接。这样建立连接后原料油罐液位的高度随着变量"原料油液位"的值变化而变化。

用同样的方法设置催化剂罐和成品油罐的动画连接，连接变量分别为：\\本站点\催化剂液位、\\本站点\成品油液位。

作为一个实际可用的监控程序，操作者可能需要知道罐液面的准确高度，而不仅是形象的表示，这个功能由"模拟值动画连接"来实现。

③ 在工具箱中选择文本 T 工具，在原料油罐旁边输入字符串"####"，这个字符串是任意的。当工程运行时，字符串的内容将被用户需要输出的模拟值所取代。

④ 双击文本对象"####"，弹出动画连接对话框。在此对话框中选择"模拟值输出"选项，弹出"模拟值输出连接"对话框，如图 3-7 所示。

对话框设置如下。

- 表达式：\\本站点\原料油液位。

- 整数位数：2。
- 小数位数：0。
- 对齐方式：居左。

⑤ 单击"确定"按钮，完成动画连接的设置。当系统处于运行状态时，在文本框"####"中将显示原料油罐的实际液位值。

用同样方法设置催化剂罐和成品油罐的动画连接，连接变量分别为：\\本站点\催化剂液位、\\本站点\成品油液位。

3.2.2　阀门动画设置

① 在画面上双击 "原料油出料阀"图形，弹出图库对象的动画连接对话框，如图 3-8 所示。

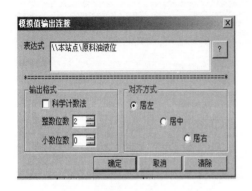

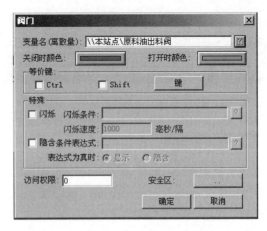

图 3-7　"模拟值输出连接"对话框　　　　图 3-8　图库对象的动画连接对话框

对话框设置如下。

- 变量名（离散量）：\\本站点\原料油出料阀。
- 关闭时颜色：红色。
- 打开时颜色：绿色。

② 单击"确定"按钮后，原料油出料阀动画设置完毕。当系统进入运行环境时，鼠标单击此阀门，其变成绿色，表示阀门已被打开，再次单击关闭阀门，从而达到了控制阀门的目的。

③ 用同样方法设置催化剂出料阀和成品油出料阀的动画连接，连接变量分别为：\\本站点\催化剂出料阀、\\本站点\成品油出料阀。

3.2.3　液体流动动画设置

① 在画面上双击管道，弹出"动画连接"对话框。在对话框中单击"流动"选项，弹出"管道流动连接设置"对话框，如图 3-9 所示。

对话框设置如下。

- 流动条件：\\本站点\原油液位阀门。

单击"确定"按钮，完成动画连接的设置（若是催化剂的水流动画，则应该变为\\本站点\\催化剂液位阀门。成品油管道动画同理）。

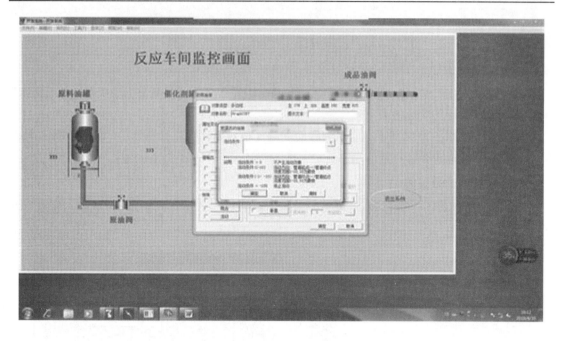

图 3-9 "管道流动连接设置"对话框

② 上述"表达式"中的"\\本站点\原油液位阀门"变量是一个内存变量,在运行状态下如果不改变其值,它的值永远为初始值(即 0)。如何改变其值,使变量能够实现控制液体流动的效果呢?在画面上放一文本,双击该文本,在弹出的"动画连接"对话框中选择"模拟值输出"按钮,弹出"模拟值输出连接"对话框,单击"?",选择控制水流变量。同样把模拟值输入也连上,单击"确定"按钮,完成文本动画连接的设置。

③ 全部保存,切换到运行画面。修改文本的值,可以看到管道中水流的效果,如图 3-10所示。

图 3-10 管道中水流的效果

3.2.4 动画属性

(1)隐含连接

隐含连接是使被连接对象根据条件表达式的值而显示或隐含。建立一个表示危险状态的文本对象"液位过高",使其能够在变量"液位"的值大于 100 时显示出来。图 3-11 是在组态王开发系统中的设计状态。

双击红色的圆圈,在"动画连接"对话框中单击"隐含"按钮,弹出"隐含连接"对话框,如图 3-12 所示。输入显示或隐含的条件表达式,单击"?",可以查看已定义的变量名和变量域。当条件表达式值为 1(TRUE)时,被连接对象是显示的。

(2)闪烁连接

闪烁连接是使被连接对象在条件表达式的值为真时闪烁。闪烁效果易于引起注意,故常用于出现非正常状态时的报警。

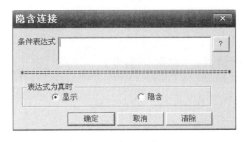

图 3-11　组态王开发系统中的设计状态　　　　　　图 3-12　"隐含连接"对话框

建立一个表示报警状态的红色圆形对象，使其能够在变量"液位"的值大于 100 时闪烁。图 3-13 所示是在组态王开发系统中的设计状态。运行中，当变量"液位"的值大于 100 时，红色对象开始闪烁。

闪烁连接的设置方法是：在"动画连接"对话框中单击"闪烁"按钮，弹出图 3-14 所示对话框。输入闪烁的条件表达式。当此条件表达式的值为真时，图形对象开始闪烁；表达式的值为假时闪烁自动停止。单击"？"按钮，可以查看已定义的变量名和变量域。

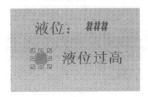

图 3-13　组态王开发系统中的设计状态（闪烁连接）　　图 3-14　"闪烁连接"界面

（3）缩放连接

缩放连接是使被连接对象的大小随连接表达式的值而变化。例如建立一个温度计，用一矩形表示水银柱（将其设置"缩放连接"动画连接属性），以反映变量"温度"的变化。在"动画连接"对话框中单击"缩放连接"按钮，弹出"缩放连接"对话框，如图 3-15 所示。

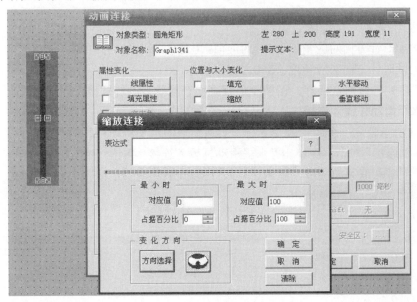

图 3-15　"缩放连接"对话框

在表达式编辑框内输入合法的连接表达式。单击"？"按钮，可以查看已定义的变量名和变量域。

- 表达式：\\本站点\温度。
- 最小时

对应值：0，占据百分比：0。

- 最大时

对应值：100，占据百分比：100。

选择缩放变化的方向，变化方向共有五种，用"方向选择"按钮旁边的指示器来形象地表示。箭头是变化的方向，蓝点是参考点。单击"方向选择"按钮，可选择五种变化方向之一。单击"确定"，保存，切换到运行画面，可以看到温度计的缩放效果。

（4）旋转连接

旋转连接是使对象在画面中的位置随连接表达式的值而旋转。如图 3-16 建立了一个有指针仪表，以指针旋转的角度表示"变量泵速"的变化。

在"动画连接"对话框中单击"旋转连接"按钮，弹出图 3-17 所示对话框。在编辑框内输入合法的连接表达式。单击"？"按钮，可以查看已定义的变量名和变量域。

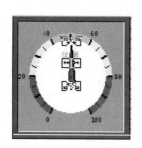

图 3-16　有指针仪表

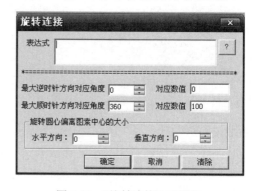

图 3-17　"旋转连接"对话框

- 表达式：\\本站点\泵速。
- 最大逆时针方向对应角度：0，对应值：0。
- 最大顺时针方向对应角度：360，对应值：100。

单击"确定"按钮，保存，切换到运行画面查看仪表的旋转情况。

（5）水平滑动杆输入连接

图 3-18 所示建立一个用于改变变量"泵速"值的水平滑动杆。

在"动画连接"对话框中单击"水平滑动杆输入连接"按钮，弹出如图 3-19 所示对话框。输入与图形对象相联系的变量，单击"？"，可以查看已定义的变量名和变量域。

- 变量名：\\本站点\泵速。
- 移动距离

向左：0。

向右：100。

- 对应值

最左边：0。

最右边：100。

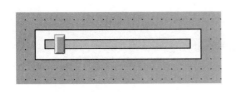

图 3-18　水平滑动杆　　　　　　　　　图 3-19　"水平滑动杆输入连接"对话框

　　单击"确定"按钮，保存，切换到运行画面。当有滑动杆输入连接的图形对象被鼠标拖动时，与之连接的变量的值将会被改变。当变量的值改变时，图形对象的位置也会发生变化。用同样的方法可以设置垂直滑动杆的动画连接。

3.2.5　点位图

　　① 准备一张图片，如图 3-20 所示。

图 3-20　点位图

　　② 进入组态王开发系统，单击工具箱中"点位图"图标，移动鼠标，在画面上画出一个矩形方框，如图 3-21 所示。

图 3-21　点位图矩形方框

③ 选中该点位图对象，单击鼠标右键，弹出浮动式菜单，如图 3-22 所示。

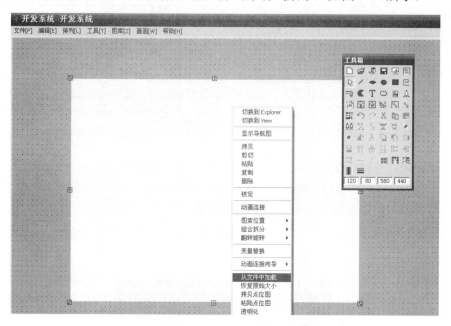

图 3-22　浮动式菜单

④ 选择"从文件中加载"命令，即可将事先准备好的图片粘贴过来，如图 3-23 所示。

图 3-23　加载后的图片

课 后 思 考

1. 熟悉组态王提供的各种动画连接的使用。
2. 熟悉组态王的语言格式及简单的语言，完成工程的画面切换、工程退出等语言编写。

第4章 命令语言

4.1 命令语言功能

4.1.1 命令语言概述

组态王除了在定义动画连接时支持连接表达式，还允许用户编写命令语言来扩展应用程序的功能，极大地增强了应用程序的可用性。

命令语言的格式类似 C 语言的格式，工程人员可以利用其来增强应用程序的灵活性。组态王的命令语言编辑环境已经编好，用户只要按规范编写程序段即可。它包括应用程序命令语言、热键命令语言、事件命令语言、数据改变命令语言、自定义函数命令语言和画面命令语言等。

命令语言的句法和 C 语言非常类似，可以说是 C 语言的一个简化子集，具有完备的词法、语法查错功能和丰富的运算符、数学函数、字符串函数、控件函数、SQL 函数和系统函数。各种命令语言通过"命令语言编辑器"编辑输入并进行语法检查，在运行系统中进行编译执行。

命令语言有六种形式，其区别在于命令语言执行的时机或条件不同。

（1）应用程序命令语言

可以在程序启动时、关闭时或在程序运行期间周期执行。如果希望周期执行，还需要指定时间间隔。

（2）热键命令语言

被链接到设计者指定的热键上。软件运行期间，操作者随时按下热键都可以启动这段命令语言程序。

（3）事件命令语言

规定在事件发生、存在、消失时分别执行的程序。离散变量名或表达式都可以作为事件。

（4）数据改变命令语言

只链接到变量或变量的域。在变量或变量的域值变化到超出数据字典中所定义的变化灵敏度时，它们就被触发执行一次。

（5）自定义函数命令语言

提供用户自定义函数功能。用户可以根据组态王的基本语法及提供的函数，自己定义各种功能更强的函数，通过这些函数能够实现工程特殊的需要。

（6）画面命令语言

可以在画面显示时、隐含时或在画面存在期间定时执行画面命令语言。

在定义画面的各种图素的动画连接时，可以进行命令语言的连接。

如果要求打开原油阀，原油开始流入成品油罐；打开催化剂阀，催化剂开始流入成品油罐。按规律减少和增长，如打开原油阀，每秒减 5，成品油加 5；打开催化剂阀，每秒减 5，成品油加 5，达到如图 4-1 效果。

反应车间规律水流效果程序如下所示。

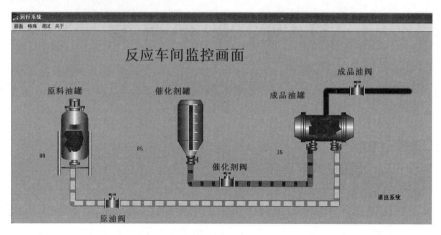

图 4-1　反应车间规律水流效果

```
if(\\本站点\原油阀==1)
\\本站点\原油液位=\\本站点\原油液位-5;
else
\\本站点\原油液位=\\本站点\原油液位;
if(\\本站点\原油液位==0)
\\本站点\原油液位=100;
if(\\本站点\催化剂阀==1)
\\本站点\催化剂液位=\\本站点\催化剂液位-5;
else
\\本站点\催化剂液位=\\本站点\催化剂液位;
if(\\本站点\催化剂液位==0)
\\本站点\催化剂液位=100;
if(\\本站点\成品油阀==1)
\\本站点\成品油液位=\\本站点\成品油液位+10;
else
\\本站点\成品油液位=\\本站点\成品油液位;
if(\\本站点\成品油液位==200)
\\本站点\成品油液位=0;
```

4.1.2　如何退出系统

退出组态王运行系统，返回到 Windows，可以通过 exit()函数来实现。

① 选择工具箱中的 [img] 工具，在画面上画一个按钮。选中按钮并单击鼠标右键，在弹出的下拉菜单中执行"字符串替换"命令，设置按钮文本为：退出系统。如图 4-2 所示。

② 双击按钮，弹出"动画连接"对话框，在此对话框中选择"弹起时"选项，弹出"命令语言"编辑框，在编辑框中输入如下命令语言：exit(0);。如图 4-3 所示。

③ 单击"确认"按钮，关闭对话框。当系统进入运行状态时，单击此按钮，系统将退

出组态王运行环境。

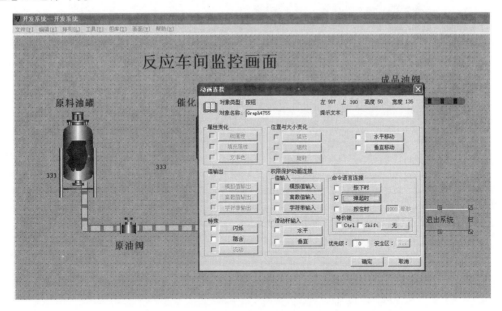

图 4-2　退出系统按钮

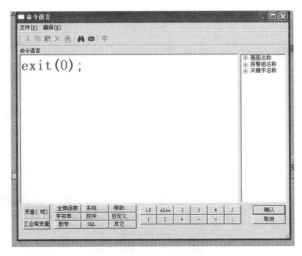

图 4-3　退出系统程序

4.2　常用功能的使用

4.2.1　定义热键

在实际的工业现场，为了操作的需要，可能需要定义一些热键，当热键被按下时使系统执行相应的控制命令。例如当按下[F1]键时，使原料油出料阀被开启或关闭，这可以使用命令语言的热键命令语言来实现。

① 在工程浏览器左侧的"工程目录显示区"内选择"命令语言"下的"热键命令语言"选项。双击"目录内容显示区"的新建图标，弹出"热键命令语言"对话框，如图 4-4 所示。

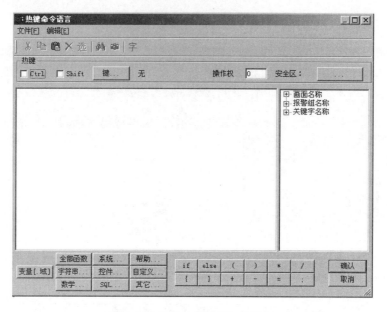

图 4-4　"热键命令语言"对话框

② 对话框中单击"键"按钮，在弹出的"选择键"对话框中选择[F1]键后关闭对话框。如图 4-5 所示。

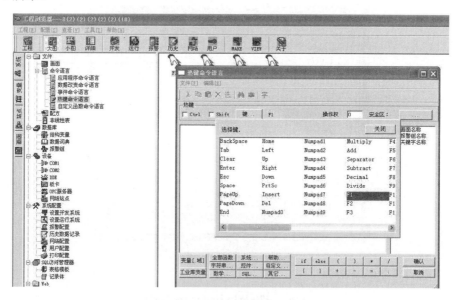

图 4-5　"选择键"编辑对话框

③ 在命令语言编辑区中输入如下命令语言：

```
if  (\\本站点\原料油出料阀 = = 1 )
\\本站点\原料油出料阀 = 0;
else
\\本站点\原料油出料阀 = 1;
```

④ 单击"确认"按钮，关闭对话框。当系统进入运行状态时，按下[F1]键执行上述命令语言：首先判断原料油出料阀的当前状态，如果是开启的，则将其关闭，否则将其打开，从

而实现了按钮开和关的切换功能。

4.2.2　实现画面切换功能

利用系统提供的"菜单"工具和 Showpicture() 函数，能够实现在主画面中切换到其他任一画面的功能。具体操作如下。

① 选择工具箱中的 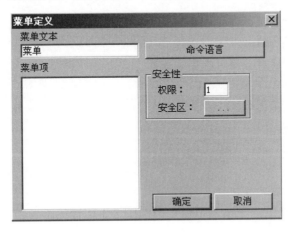 工具，将鼠标放到监控画面的任一位置，并按住鼠标左键画一个按钮大小的菜单对象，双击弹出"菜单定义"对话框，如图 4-6 所示。

图 4-6　"菜单定义"对话框

对话框设置如下。

- 菜单文本：画面切换。
- 菜单项：

　　报警和事件画面
　　实时趋势曲线画面
　　历史趋势曲线画面
　　XY 控件画面
　　日历控件画面
　　实时数据报表画面
　　实时数据报表查询画面
　　历史数据报表画面
　　1 分钟数据报表画面
　　数据库操作画面

注意　"菜单项"的输入方法为：在"菜单项"编辑区中单击鼠标右键，在弹出的下拉菜单中执行"新建项"命令，即可编辑菜单项。菜单项中的画面是在工程后面建立的。

② 菜单项输入完毕后单击"命令语言"按钮，弹出"命令语言"编辑框，在编辑框中输入如下命令语言：

```
If(menuindex==0)
Showpicture("报警和事件画面")
If(menuindex==1)
Showpicture("实时趋势曲线画面")
```

```
If (menuindex==2)
Showpicture ("历史趋势曲线画面")
If (menuindex==3)
Showpicture ("XY 控件画面")
If (menuindex==4)
Showpicture ("日历控件画面")
If (menuindex==5)
Showpicture ("实时数据报表画面")
If (menuindex==6)
Showpicture ("实时数据报表查询画面")
If (menuindex==7)
Showpicture ("历史数据报表画面")
If (menuindex==8)
Showpicture ("1 分钟数据报表画面")
If (menuindex==9)
Showpicture ("数据库操作画面")
```

③ 单击"确认"按钮，关闭对话框，当系统进入运行状态时，单击菜单中的每一项，进入相应的画面中。

4.2.3 设置主画面

规定 TouchView 画面运行系统启动时自动调入画面，如果几个画面互相重叠，最后调入的画面在前面，如图 4-7 所示。单击"主画面配置"属性页，则此属性页对话框弹出，同时属性页画面列表对话框中列出了当前应用程序所有有效的画面，选中的画面加亮显示，如图 4-8 所示。

图 4-7　设置主画面

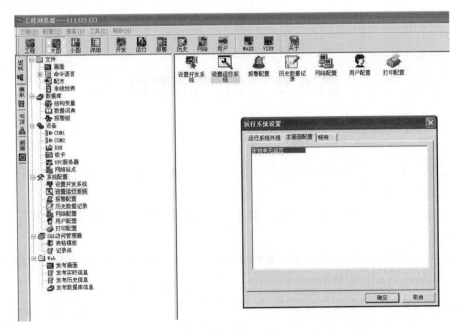

图 4-8　运行系统设置

课 后 思 考

1. 熟悉组态王提供的各种动画连接的使用。
2. 熟悉组态王的语言格式及简单的语言，完成工程的画面切换、工程退出等语言编写。

第 5 章　报警和事件

为保证工业现场安全生产，报警和事件的产生和记录是必不可少的，"组态王"提供了强有力的报警和事件系统。

报警是指当系统中某些量的值超过了所规定的界限时，系统自动产生相应警告信息，表明该量的值已经超限，提醒操作人员。

事件是指用户对系统的行为、动作，如修改了某个变量值，用户的登录、注销，站点的启动、退出等。

组态王中的报警和事件主要包括变量报警事件、操作事件、用户登录事件和工作站事件。当报警和事件发生时，在报警窗中会按照设置的过滤条件实时地显示。

组态王中报警和事件的处理方法是：当报警和事件发生时，组态王把这些信息存于内存中的缓冲区中，报警和事件在缓冲区中是以先进先出的队列形式存储，所以只有最近的报警和事件在内存中。当缓冲区达到指定数目或记录定时时间到时，系统自动将报警和事件信息进行记录。报警的记录可以是文本文件、开放式数据库或打印机。

为了分类显示产生的报警和事件，可以把报警和事件划分到不同的报警组中，在指定的报警窗口中显示报警和事件信息。

5.1　建立报警和事件窗口

5.1.1　定义报警组

通过报警组，可以按组处理变量的报警事件。如报警窗口可以按组显示报警事件，记录报警事件也可按组进行，还可以按组对报警事件进行报警确认。

① 在工程浏览器窗口左侧"工程目录显示区"中选择"数据库"中的"报警组"选项，在右侧"目录内容显示区"中双击"进入报警组"图标，弹出"报警组定义"对话框，如图5-1 所示。

② 单击"修改"按钮，以化工厂为例，将名称为"RootNode"的报警组改名为"化工厂"。

③ 选中"化工厂"报警组，单击"增加"按钮，增加此报警组的子报警组，名称为：反应车间。

④ 单击"确认"按钮，关闭对话框，结束对报警组的设置，如图5-2 所示。

注意 ① 报警组的划分以及报警组名称，用户可以根据实际情况自由指定。

② 根报警组（RootNode）只可以修改名称，但不可删除。

③ 如果一个报警组下还包含子报警组，则删除时系统会提示该报警组有子节点，如果确认删除时，该报警组下的子报警组节点也会被删除。

图 5-1 "报警组定义"对话框

图 5-2 结束对报警组的设置

5.1.2 设置变量的报警属性

在数据词典中选择"原料油液位"变量,双击此变量,在弹出的"定义变量"对话框中单击"报警定义"选项卡,如图 5-3 所示。

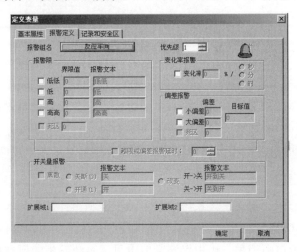

图 5-3 "报警定义"选项卡

对话框设置如下。

- 报警组名：反应车间。
- 低：10 原料油液位过低。
- 高：90 原料油液位过高。
- 优先级：100。

那么，当这个变量小于 10 或大于 90 的时候系统将产生报警，报警信息将显示在"反应车间"报警组中。

注意 优先级在 1~999 之间，其中 999 为级别最高。

① 选择"变化率报警"（图 5-4） 变化率：20%/秒。

那么，当这个变量这一秒的数据比上一秒的数据变化超过 20%，将会产生报警，报警信息将显示在"反应车间"报警组中。

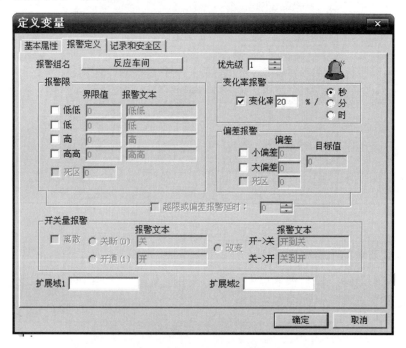

图 5-4 选择"变化率报警"

② 选择"偏差报警"（图 5-5） 目标值：100。小偏差：5。大偏差：10。

那么，当这个变量的值大于 95 小于 105 的时候正常，报警信息将显示在"反应车间"报警组中。小于 95 大于 90 或者大于 105 小于 110 的时候，产生小偏差报警；当这个变量小于 90 或者大于 110 的时候，产生大偏差报警。报警信息将显示在"反应车间"报警组中。

5.1.3 建立报警窗口

报警窗口是用来显示"组态王"系统中发生的报警和事件信息。报警窗口分实时报警窗口和历史报警窗口。实时报警窗口主要显示当前系统中发生的实时报警信息和报警确认信息，一旦报警恢复后将从窗口中消失。历史报警窗口中显示系统发生的所有报警和事件信息，主要用于对报警和事件信息进行查询。

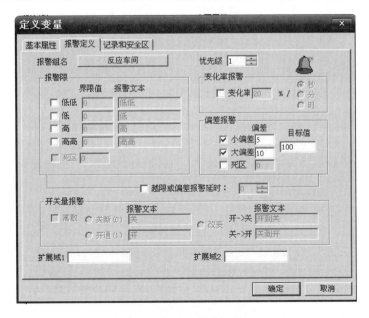

图 5-5　选择"偏差报警"

报警窗口建立过程如下。

① 新建一画面，名称为：报警和事件画面，类型为：覆盖式。

② 选择工具箱中的 T 工具，在画面上输入文字：报警和事件。

③ 选择工具箱中的 工具，在画面中绘制一报警窗口，如图 5-6 所示。

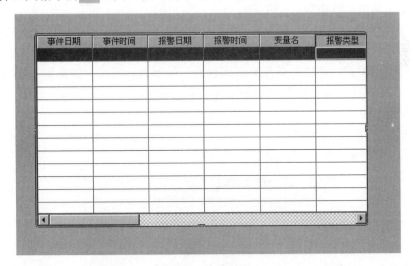

图 5-6　报警窗口

④ 双击"报警窗口"对象，弹出"报警窗口配置属性页"对话框，如图 5-7 所示。

报警窗口分为五个属性页：通用属性页、列属性页、操作属性页、条件属性页、颜色和字体属性页。

通用属性页　在此属性页中，用户可以设置窗口的名称、窗口的类型（实时报警窗口或历史报警窗口）、窗口显示属性以及日期和时间显示格式等。

- 显示列标题：选中后，开发和运行中在窗口的上部均出现每一列的列标题。

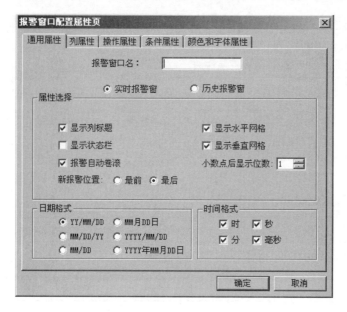

图 5-7 "报警窗口配置属性页"对话框

● 显示状态栏：选中后，开发和运行中在窗口的下部均出现报警窗口的状态信息栏。状态栏中显示当前报警窗口中报警条数等。

● 报警自动卷滚：选中后，系统运行时，如果报警窗中的信息显示超过当前窗口一页时，当出现新的报警时，报警窗会自动滚动，显示新报警。

● 显示水平网格：选中后，开发和运行中在窗口的信息显示部位均出现水平网格线。

● 显示垂直网格：选中后，开发和运行中在窗口的信息显示部位均出现垂直网格线。

● 小数点后显示位数：定义报警窗中数据显示部分各种数据显示时的小数位数。

● 新报警出现位置：产生一条报警或事件后，显示到报警窗口的位置。"最前"为新报警出现在报警窗口的最上方，先前显示的报警在窗口中依次向下移动一行。"最后"为新报警出现在报警窗的最后一行。

注意　报警窗口的名称必须填写，否则运行时将无法显示报警窗口。

列属性页　报警窗口中的"列属性"对话框如图 5-8 所示。

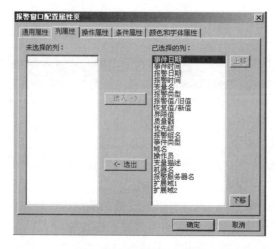

图 5-8 "列属性"对话框

在此属性页中，用户可以设置报警窗中显示的内容，包括报警日期时间显示与否、报警变量名称显示与否、报警限值显示与否、报警类型显示与否等。可以根据工程的实际情况选择相应的列来显示。

操作属性页　报警窗口中的"操作属性"对话框，如图 5-9 所示。

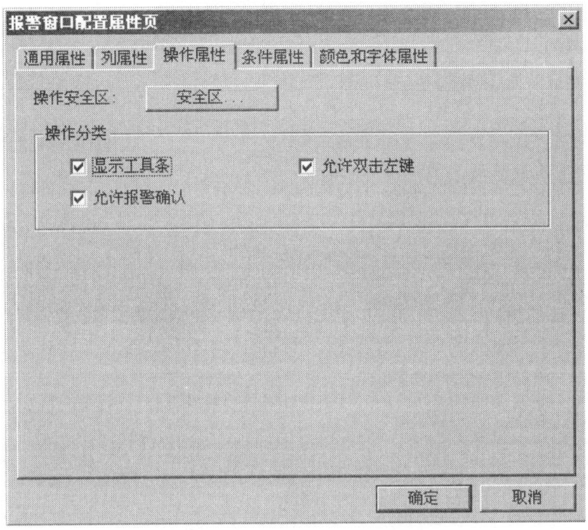

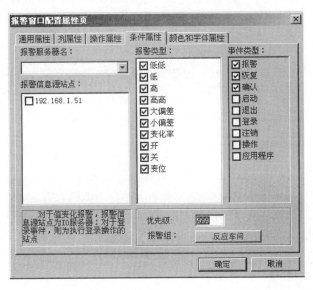

图 5-9　"操作属性"对话框

在此属性页中，用户可以对操作者的操作权限进行设置。单击"安全区"按钮，在弹出的"选择安全区"对话框中选择报警窗口所在的安全区。只有登录用户的安全，包含报警窗口的操作安全区时，才可执行如下设置的操作，如双击左键操作、工具条的操作和报警确认的操作。

条件属性页　报警窗口中的"条件属性"对话框，如图 5-10 所示。

图 5-10　"条件属性"对话框

在此属性页中，用户可以设置哪些类型的报警或事件发生时才在此报警窗口中显示，并设置其优先级和报警组。

- 优先级：999。
- 报警组：反应车间。

这样设置完后，满足如下条件的报警点信息会显示在此报警窗口中：

a. 在变量报警属性中设置的优先级高于999；

b. 在变量报警属性中设置的报警组名为反应车间。

如果系统为单机模式，则报警服务器选项不用选择。如果为网络模式，网络中各站点的报警信息存于报警服务器上，配置网络后，列表框中将列出所有本机的报警服务器，可指定将哪个报警服务器上的报警信息显示在该报警窗中。

另外，"报警信息源站点"选项，如果系统为单机模式，默认为本地，该选项不用选择；如果为网络模式，网络配置后，该列表框中将列出所有本机当前选择的报警服务器下的 I/O 服务器名称，可选择将当前报警服务器下的哪些 I/O 服务器上的报警信息显示在该报警窗中。本项可以多选。

颜色和字体属性页　报警窗口中的"颜色和字体属性"对话框如图5-11所示。

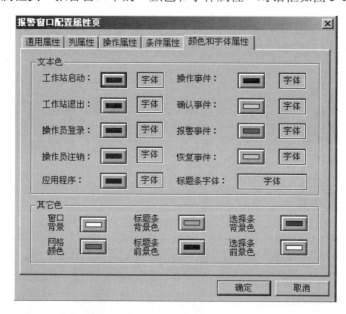

图5-11　"颜色和字体属性"对话框

在此属性页中，用户可以设置报警窗口的各种颜色以及信息的显示颜色。

报警窗口的上述属性可由用户根据实际情况进行设置。

⑤ 单击"文件"菜单中的"全部存"命令，保存所做的设置。

⑥ 单击"文件"菜单中的"切换到VIEW"命令，进入运行系统。系统默认运行的画面可能不是用户刚刚编辑完成的"报警和事件画面"，可以通过运行界面中"画面"菜单中的"打开"命令，将其打开后方可运行，如图5-12所示。

5.1.4　报警窗口的操作

当系统处于运行状态时，用户可以通过报警窗口上方的工具箱对报警信息进行操作，如图5-13所示。

图 5-12　报警和事件画面

图 5-13　报警信息操作工具箱

① ☑ **报警确认**　确认报警窗中当前选中的未经过确认的报警信息。在报警窗中选择未确认过的报警信息条，该按钮变为有效。

② ⊠ **报警窗暂停/恢复滚动**　每单击一次该按钮，暂停/恢复滚动状态发生一次变化。在报警窗中不断滚动显示报警时，可以单击该按钮暂停滚动，仔细查看某条报警，然后再单击该按钮，继续滚动。报警窗的暂停滚动并不影响报警的产生等，恢复滚动后，在暂停期间没有显示出来的报警会全部显示出来。

③ 🔀 **更改报警类型**　单击该按钮时，弹出一个"报警类型"对话框，对话框中的列表框中列出了所有报警类型供选择。选择完成后，单击对话框上的"确定"按钮，关闭对话框。选择完后，只显示符合当前选择的报警类型的报警信息，但不影响其他类型报警信息的产生。

④ 🔹 **更改事件类型**　单击该按钮时，弹出一个"事件类型"对话框，对话框中的列表框中列出了所有事件类型供选择。选择完成后，单击对话框上的"确定"按钮，关闭对话框。选择完后，只显示符合当前选择的事件类型的事件信息。

⑤ 📨 **更改优先级**　单击该按钮时，弹出一个"优先级编辑"对话框，编辑优先级后，单击对话框上的"确定"按钮，关闭对话框。选择完后，只显示符合当前选择的优先级的报警和事件信息。

⑥ 🔲 **更改报警组**　单击该按钮时，弹出一个"报警组选择"对话框，选择完报警组后，单击对话框上的"确定"按钮，关闭对话框。选择完后，只显示符合当前选择的报警组及其子报警组的报警和事件信息。

⑦ 🔲 **更改站点名**　单击该按钮时，弹出一个"报警信息源选择"对话框，对话框中的列表框中列出了可供选择的报警信息源。选择完后，单击对话框上的"确定"按钮，关闭对话框，则报警窗只显示符合当前选择的报警信息源的报警和事件信息。

注意　只有登录用户的权限符合操作权限时才可操作此工具箱。

5.1.5　报警窗口自动弹出

使用系统提供的"$新报警"变量，可以实现当系统产生报警信息时将报警窗口自动弹出。操作步骤如下。

① 在工程浏览器窗口中的"工程目录显示区"中选择"命令语言"中的"事件命令语言"选项，在右侧"目录内容显示区"中双击"新建"图标，弹出"事件命令语言"编辑框，设置如图 5-14 所示。

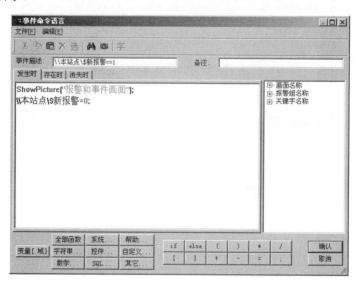

图 5-14 "事件命令语言"编辑框

② 单击"确认"按钮，关闭编辑框。

这样，当任何一个报警产生时，报警窗口就会自动弹出。

5.2 报警和事件的输出

对于系统中的报警和事件信息，不仅可以输出到报警窗口中，还可以输出到文件、数据库和打印机中。此功能可通过报警配置属性窗口来实现。配置过程如下。

在工程浏览器窗口左侧的"工程目录显示区"中双击"系统配置"中的"报警配置"选项，弹出"报警配置属性页"对话框，如图 5-15 所示。

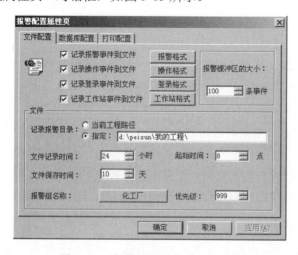

图 5-15 "报警配置属性页"对话框

报警配置属性窗口分为三个属性页：文件配置页、数据库配置页、打印配置页。

（1）文件配置页

在此属性页中，用户可以设置将哪些报警和事件记录到文件中以及记录的格式、记录的目录、记录时间、记录哪些报警组的报警信息等。文件记录格式如下。

示例：工作站事件文件记录。

[工作站日期：2001 年 4 月 28 日] [工作站时间：14 时 24 分 7 秒] [事件类型：工作站启动] [机器名：本站点]

[工作站日期：2001 年 4 月 28 日] [工作站时间：14 时 24 分 14 秒] [事件类型：工作站退出] [机器名：本站点]

● **文件记录时间**：报警记录的文件一般有很多个，该项指定没有记录文件的记录时间长度，单位为小时，指定数值范围为 1～24。如果超过指定的记录时间，系统将生成新的记录文件。如定义文件记录时间为 8 小时，则系统按照定义的起始时间，每 8 小时生成一个新的报警记录文件。

● **起始时间**：指报警记录文件命名时的时间（小时数），表明某个报警记录文件开始记录的时间。

● **文件保存时间**：规定记录文件在硬盘上的保存天数（当日之前）。超过天数的记录文件将被自动删除。

● **优先级**：规定要记录的报警和事件的优先级条件。只有高于规定的优先级的报警和事件才会被记录到文件中。

注意　这里提到的"文件"是组态王定义的内部文件，在工程路径下或指定路径下将出现后缀名为".al2"的文件，这个文件就是记录报警和事件信息的文件。

（2）数据库配置属性页

"数据库配置属性页"对话框，如图 5-16 所示。

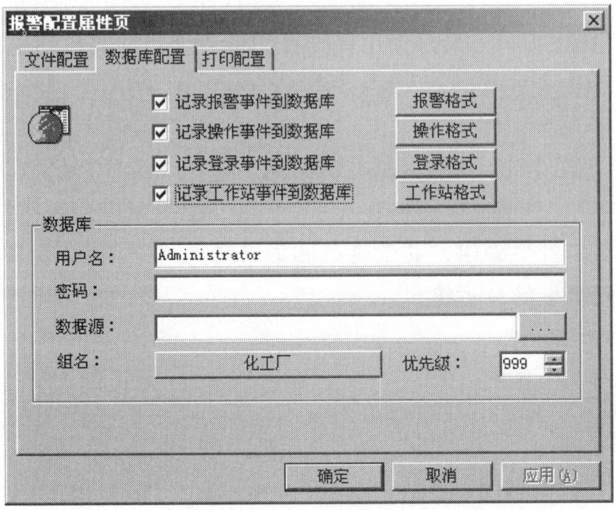

图 5-16　"数据库配置属性页"对话框

在此属性页中，用户可以设置将哪些报警和事件记录到数据库中以及记录的格式、数据源的选择、登录数据库时的用户名和密码等。

（3）打印配置页

"打印配置属性页"对话框如图 5-17 所示。

在此属性页中，用户可以设置将哪些报警和事件输出到打印机中以及打印的格式、打印机的端口号等。打印输出格式如下。

示例：工作站事件打印。

<工作站日期：2001 年 4 月 28 日>/<工作站时间：14 时 24 分 7 秒>/<事件类型：工作站启动>/<机器名：本站点 >

<工作站日期：2001 年 4 月 28 日>/<工作站时间：14 时 24 分 14 秒>/<事件类型：工作站退出 >/<机器名：本站点 >

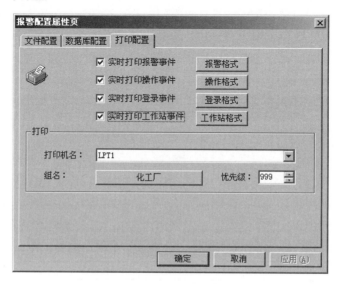

图 5-17 "打印配置属性页"对话框

注意　建议用户在打印时，最好使用针式打印机，因为针式打印机能够控制纸张的走动位置，更适合实时打印。

课 后 思 考

1. 完善练习工程，对报警组、变量进行相关的配置。
2. 在画面中得到报警的显示输出。
3. 将报警记录到文件中。
4. 将报警记录到数据库中。

第6章 趋势曲线

6.1 实时趋势曲线的设置

趋势曲线用来反映变量随时间的变化情况。趋势曲线有两种：实时趋势曲线和历史趋势曲线。

实时趋势曲线定义过程如下。

① 新建一画面，名称为：实时趋势曲线画面。

② 选择工具箱中的 T 工具，在画面上输入文字：实时趋势曲线。

③ 选择工具箱中的 工具，在画面上绘制一实时趋势曲线窗口，如图 6-1 所示。

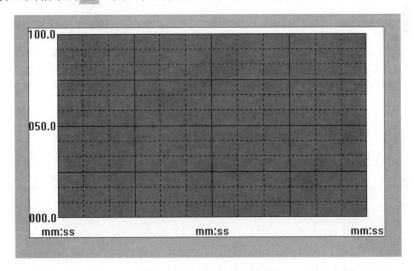

图 6-1　实时趋势曲线窗口

双击"实时趋势曲线"对象，弹出"实时趋势曲线"设置窗口，如图 6-2 所示。

实时趋势曲线设置窗口分为两个属性页："曲线定义"属性页、"标识定义"属性页。

曲线定义属性页　在此属性页中，用户不仅可以设置曲线窗口的显示风格，还可以设置趋势曲线中所要显示的变量。单击"曲线 1"编辑框后的 ? 按钮，在弹出的"选择变量名"对话框中选择变量"\\本站点\原料油液位"。曲线颜色设置为：红色。

标识定义属性页　"标识定义"属性页如图 6-3 所示。在此属性页中，用户可以设置数值轴和时间轴的显示风格。设置如下。

- 标识 X 轴——时间轴：有效。
- 标识 Y 轴——数据轴：有效。
- 起始值：0。
- 最大值：100。
- 时间轴：分、秒有效。

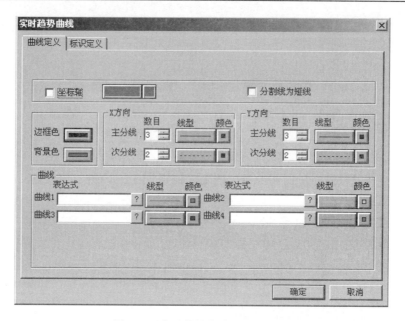

图 6-2 "实时趋势曲线"设置窗口

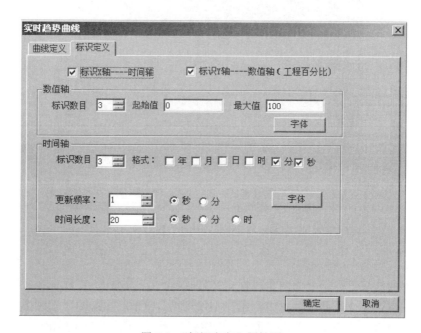

图 6-3 "标识定义"属性页

- 更新频率：1 秒。
- 时间长度：20 秒。
④ 设置完毕后，单击"确定"按钮，关闭对话框。
⑤ 单击"文件"菜单中的"全部存"命令，保存所做的设置。
⑥ 单击"文件"菜单中的"切换到 VIEW"命令，进入运行系统，通过运行界面中"画面"菜单中的"打开"命令，将"实时趋势曲线画面"打开后，可看到连接变量的实时趋势曲线，如图 6-4 所示。

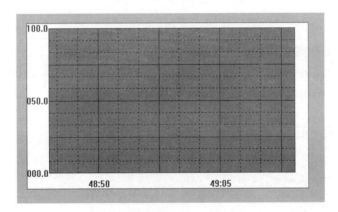

图 6-4　运行中的实时趋势曲线

6.2　历史趋势曲线的设置

组态王的历史趋势曲线是以 ActiveX 控件形式提供的取组态王数据库中的数据绘制历史曲线和取 ODBC 数据库中的数据绘制曲线的工具。通过该控件，不但可以实现历史曲线的绘制，还可以实现 ODBC 数据库中数据记录的曲线绘制，而且在运行状态下，可以实现在线动态增加/删除/隐藏曲线、曲线图表的无级缩放、曲线的动态比较、曲线的打印等。该曲线控件最多可以绘制 16 条曲线。

6.2.1　设置变量的记录属性

对于要以历史趋势曲线形式显示的变量，必须设置变量的记录属性。设置过程如下。

① 在工程浏览器窗口左侧的"工程目录显示区"中选择"数据库"中的"数据词典"选项，在"数据词典"中选择变量"\\本站点\原料油液位"，双击此变量，在弹出的"定义变量"对话框中单击"记录和安全区"属性页，如图 6-5 所示。

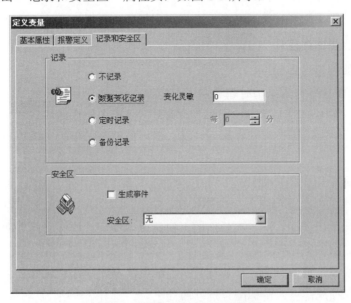

图 6-5　"记录和安全区"属性页

设置变量"\\本站点\原料油液位"的记录类型为数据变化记录，变化灵敏为 0。

② 设置完毕后，单击"确定"按钮，关闭对话框。

6.2.2 定义历史数据文件的存储目录

① 在工程浏览器窗口左侧的"工程目录显示区"中选择"系统配置"中的"历史数据记录"选项，弹出"历史记录配置"对话框，如图6-6所示。

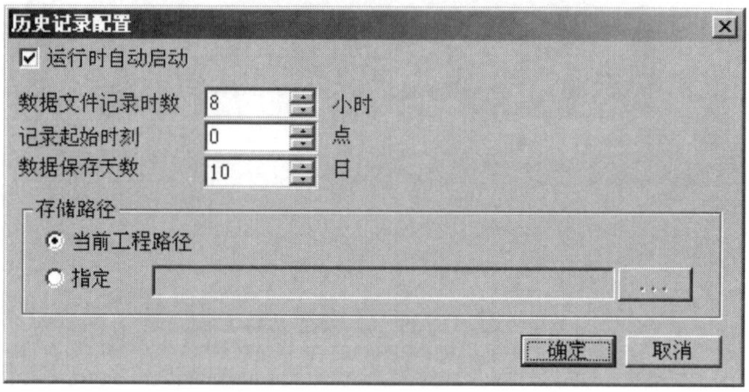

图6-6 "历史记录配置"对话框

对话框设置如下。

- 运行时自动启动：有效。
- 数据文件记录时数：8小时。
- 记录起始时刻：0点。
- 数据保存天数：10日。
- 存储路径：当前工程路径。

② 设置完毕后，单击"确定"按钮，关闭对话框。当系统进入运行环境时，"历史记录服务器"自动启动，将变量的历史数据以文件的形式存储到当前工程路径下。每个文件中保存了变量8小时的历史数据，这些文件将在当前工程路径下保存30天。

6.2.3 创建历史曲线控件

历史趋势曲线创建过程如下。

① 新建一画面，名称为：历时趋势曲线画面。

② 选择工具箱中的 **T** 工具，在画面上输入文字：历史趋势曲线。

③ 选择工具箱中的 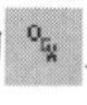 工具，在画面中插入通用控件窗口中的"历史趋势曲线"控件，如图6-7所示。

注意 欲想显示历史趋势曲线窗口下方的"工具条"和"列表框"，必须将窗口拉伸到足够大。

选中此控件，单击鼠标右键，在弹出的下拉菜单中执行"控件属性"命令，弹出"控件属性"对话框，如图6-8所示。

历史趋势曲线属性窗口分为五个属性页：曲线属性页、坐标系属性页、预置打印选项属性页、报警区域选项属性页、游标配置选项属性页。

曲线属性页 在此属性页中，用户可以利用"增加"按钮添加历史曲线变量，并设置曲线的采样间隔（即在历史曲线窗口中绘制一个点的时间间隔）。

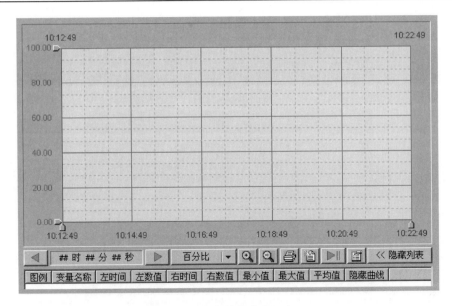

图6-7 "历史趋势曲线"窗口

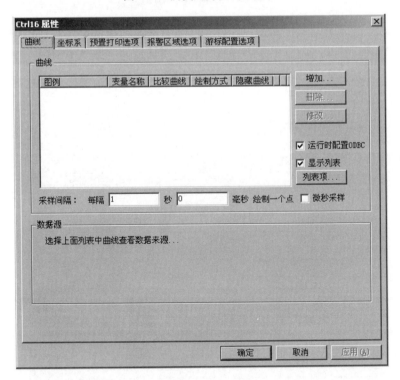

图6-8 历史趋势曲线"控件属性"对话框

单击此属性页中的"增加"按钮，弹出"增加曲线"对话框，如图6-9所示。

单击"本站点"左侧的"+"符号，系统将工程中所有设置了记录属性的变量显示出来，选择"原料油液位"变量后，此变量自动显示在"变量名称"后面的编辑框中。其他属性设置如下。

- 绘制方式：模拟。
- 数据来源：使用组态王历史库。

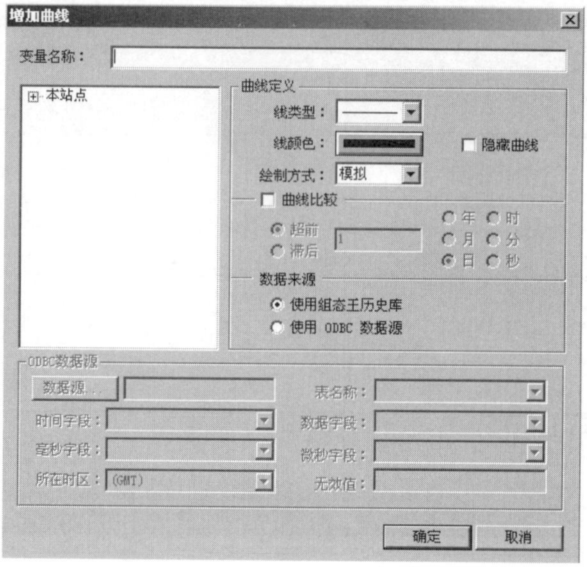

图 6-9 "增加曲线"对话框

单击"确定"按钮后关闭此窗口，设置的结果会显示在图 6-8 所示的窗口中。

坐标系属性页 历史曲线控件中的"坐标系"对话框如图 6-10 所示。

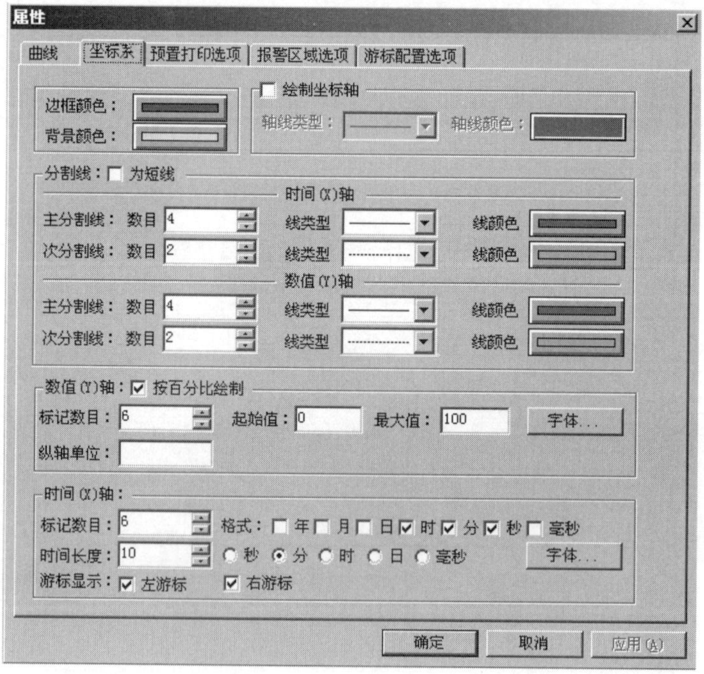

图 6-10 "坐标系"对话框

在此属性页中，用户可以设置历史曲线控件的显示风格，如历史曲线控件背景颜色、坐标轴的显示风格、数据轴、时间轴的显示格式等。在"数据（Y）轴"中，如果"按百分比绘制"被选中后，历史曲线变量将按照百分比的格式显示，否则按照实际数值显示历史曲线变量。

预置打印选项属性页　历史曲线控件中的"预置打印选项"对话框如图 6-11 所示。

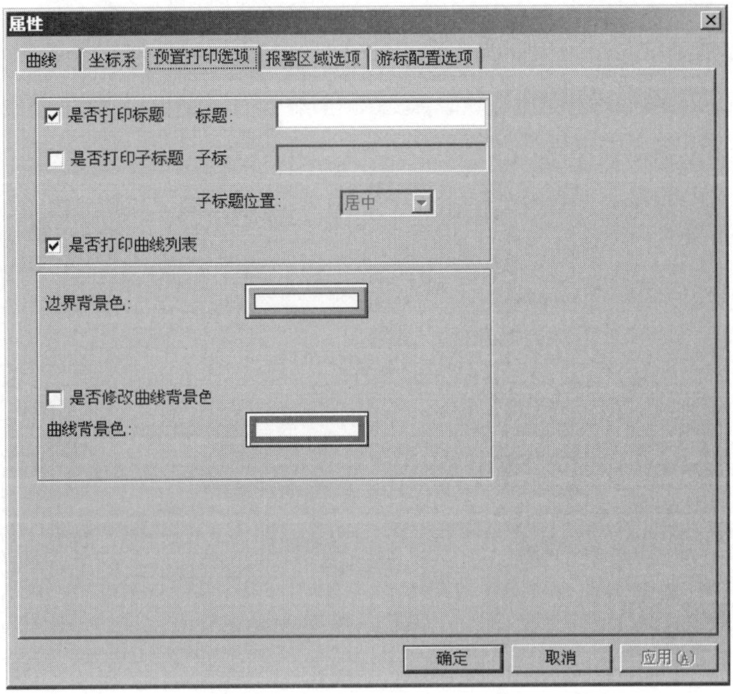

图 6-11 "预置打印选项"对话框

在此属性页中，用户可以设置历史曲线控件的打印格式及打印的背景颜色。

报警区域选项属性页　历史曲线控件中的"报警区域选项"对话框如图 6-12 所示。

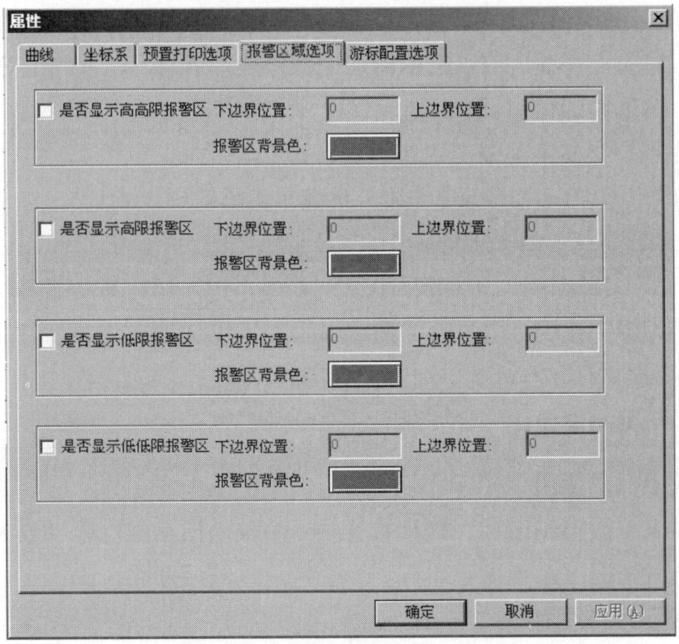

图 6-12 "报警区域选项"对话框

在此属性页中，用户可以设置历史曲线窗口中报警区域显示的颜色，包括高高限报警区的颜色、高限报警区的颜色、低限报警区的颜色和低低限报警区的颜色及各报警区颜色显示的范围。通过报警区颜色的设置，使用户对变量的报警情况一目了然。

游标配置选项属性页　历史曲线控件中的"游标配置选项"对话框如图6-13所示。

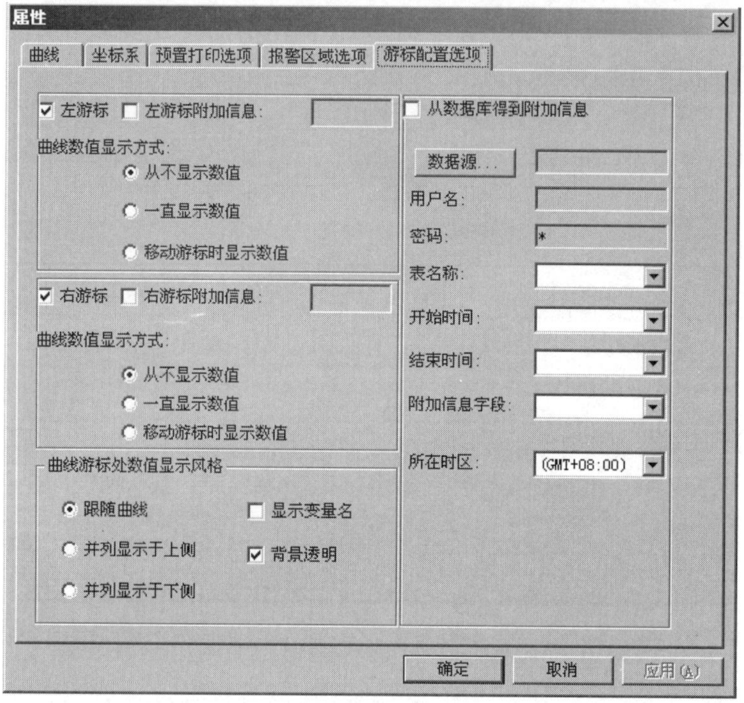

图6-13　"游标配置选项"对话框

在此属性页中，用户可以设置历史曲线窗口左右游标在显示数值时的显示风格及显示的附加信息。附加信息的设置不仅可以在编辑框中输入静态信息，还可使用ODBC从任何第三方数据库中得到动态的附加信息。

上述属性可由用户根据实际情况进行设置。

④ 单击"确定"按钮，完成历史曲线控件编辑工作。

⑤ 单击"文件"菜单中的"全部存"命令，保存所做的设置。

⑥ 单击"文件"菜单中的"切换到VIEW"命令，进入运行系统。系统默认运行的画面可能不是用户刚刚编辑完成的"历史趋势曲线画面"。可以通过运行界面中"画面"菜单中的"打开"命令，将其打开后方可运行，如图6-14所示。

6.2.4　运行时修改控件属性

（1）数据轴指示器的使用

数据轴指示器又称数据轴游标，拖动数值轴（Y轴）指示器，可以放大或缩小曲线在Y轴方向的长度。一般情况下，该指示器标记为变量量程的百分比。

（2）时间轴指示器的使用

时间轴指示器又称时间轴游标。拖动时间轴指示器，可以获得曲线与时间轴指示器焦点的具体时间，也可以配合HTGetValueScooter函数获得曲线与时间轴指示器焦点的数值。

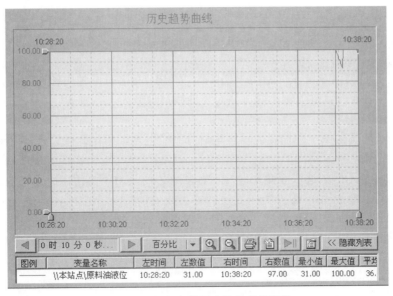

图 6-14　运行中的历史趋势曲线控件

（3）工具条的使用

利用历史趋势曲线窗口中的工具条，用户可以查看变量过去任一段时间的变化趋势以及对曲线进行放大、缩小、打印等操作。工具条如图 6-15 所示。

图 6-15　历史趋势曲线窗口中的工具条

- ◀ | 0 时 10 分 0 秒… | ▶ 时间跨度设置按钮　单击此按钮，弹出时间跨度设置对话框，如图 6-16 所示。

图 6-16　时间跨度设置对话框

在对话框中输入时间跨度值，如 1 分钟。单击"确定"按钮后关闭此窗口。当点击"◀"或"▶"按钮时，会向前或向右移动一个时间跨度（即 1 分钟）。

- 百分比 ▼ 设置 Y 轴标记　设置趋势曲线显示风格，以百分比格式显示或以实际值格式显示。

- ⊕ 放大所选区域　在曲线显示区中选择一个区域。单击此按钮，可以放大当前区域中的曲线。

a. 当在曲线显示区中选取了矩形区域时，时间轴最左/右端调整为矩形左/右边界所在的时间，数值轴标记最上/下端调整为矩形上/下边界所在数值，从而使曲线局部放大。左/右指示器位置分别置于时间轴最左/右端。

b. 当未选定任何区域，左/右指示器不在时间轴最左/右端时，时间轴最左/右端调整为左/右指示器所在的时间，数值轴不变，从而使曲线局部放大。经放大后，左/右指示器位置分别置于时间轴最左/右端。

c. 当未选定任何区域，左/右指示器在时间轴最左/右端时，时间轴宽度调整为原来的一半，保持中心位置不变，数值轴不变，从而使曲线局部放大。经放大后，左/右指示器位置分别置于时间轴最左/右端。

● 🔍缩小所选区域　在曲线显示区中选择一个区域，单击此按钮，可以缩小当前区域中的曲线。

a. 当在曲线显示区中选取了矩形区域时，矩形左/右边界所在的时间调整为时间轴最左/右端所在的时间，矩形上/下边界所在数值调整为数值轴最上/下端所在数值，从而使曲线局部缩小。经缩小后，左/右指示器位置分别置于时间轴最左/右端。

b. 当未选定任何区域，左/右指示器不在时间轴最左/右端时，左/右指示器所在的时间调整为时间轴最左/右端所在的时间，数值轴不变，从而使曲线局部缩小。经缩小后，左/右指示器位置分别置于时间轴最左/右端。

c. 当未选定任何区域，左/右指示器在时间轴最左/右端时，时间轴宽度调整为原来的 2 倍，保持中心位置不变，数值轴不变，从而使曲线局部缩小。经缩小后，左/右指示器位置分别置于时间轴最左/右端。

● 🖨打印窗口　单击此按钮，打印当前曲线窗口。

● 📋定义新曲线　单击此按钮，弹出如图 6-9 所示的"增加曲线"对话框，在对话框中定义新的曲线。

● ▶️将时间轴右端设为当前时间　单击此按钮，将历史趋势曲线窗口时间轴右端的时间设置为当前时间。

● 📋设置参数　单击此按钮，弹出参数设置对话框，如图 6-17 所示。在此对话框中输入历史趋势曲线窗口的起止时间（即想查询历史曲线的时间）、数据轴的量程范围及游标显示风格等。

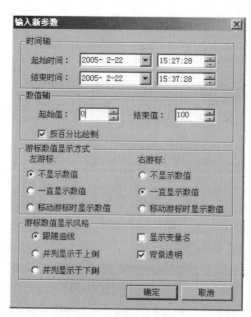

图 6-17　参数设置对话框

- ＜＜隐藏列表　显示/隐藏列表　单击此按钮，可显示或隐藏变量列表区。

（4）变量列表区

变量列表区主要用于显示变量的信息，包括变量名称，变量的最大值、最小值、平均值，以及动态显示/隐藏指定的曲线等。

在变量列表区上单击右键，弹出下拉菜单，如图 6-18 所示。通过此下拉菜单，可对历史曲线窗口中的曲线进行编辑。

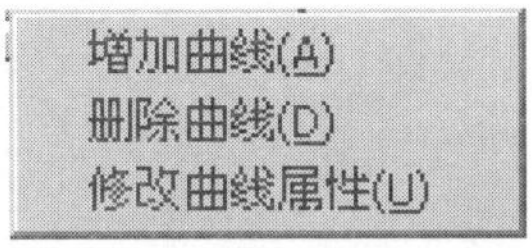

增加曲线(A)
删除曲线(D)
修改曲线属性(U)

图 6-18　变量列表区中的下拉菜单

6.3　调用画面方法

多个画面的切换方法如下。

① 点击"工具箱"第三行第四个按钮，如图 6-19 所示。

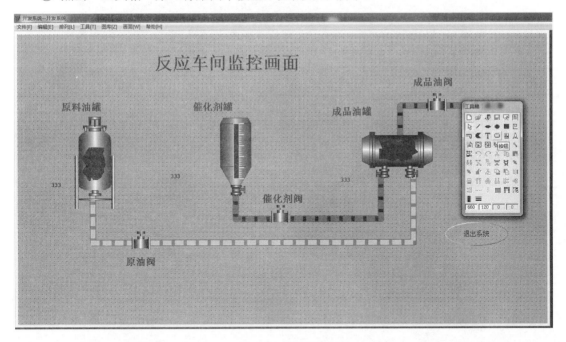

图 6-19　选择按钮

② 通过右键改变按钮类型及风格，如图 6-20 所示。同样设置三个，如图 6-21 所示。

③ 双击按钮，选择"弹起时"，如图 6-22 所示。

单击"全部函数"按钮，弹出"选择函数"对话框，如图 6-23 所示。找到"ShowPicture"函数，选择该项后，单击对话框上的"确定"按钮，然后直接双击该函数名称，对话框被关闭，函数及其参数整体被选择到了编辑器中。如图 6-24 所示。

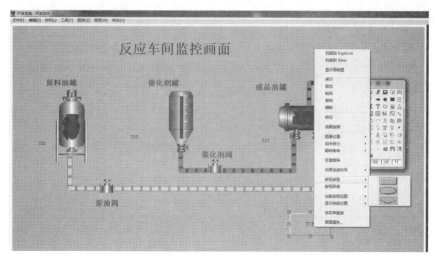

图 6-20　定义按钮类型及风格

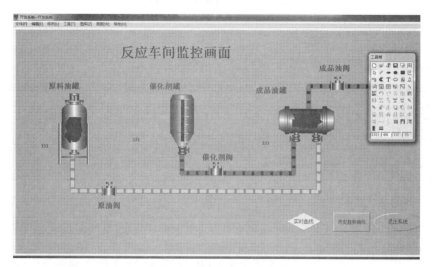

图 6-21　定义三个画面

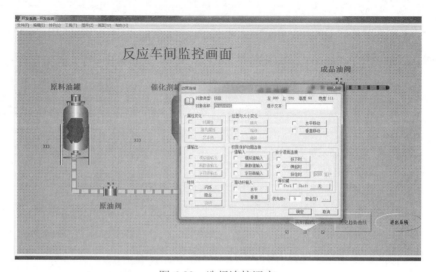

图 6-22　选择连接语言

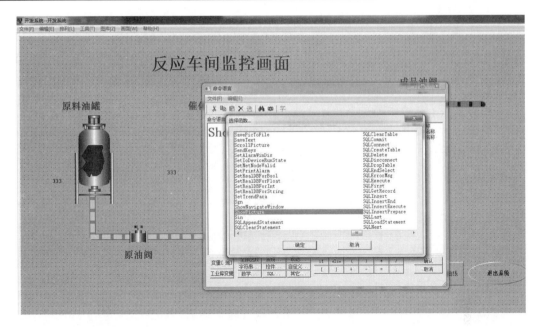

图 6-23　选择函数

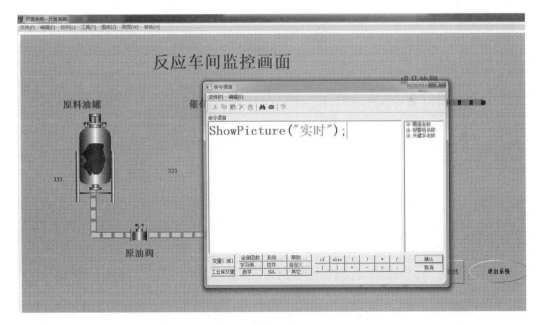

图 6-24　显示完成画面

函数 ShowPicture 中的参数为要显示的画面名称。选择函数默认的参数并删除（保留引号），保留光标位于函数参数位置处（引号之间）；单击编辑器右侧列表中的"画面名称"上的"+"，展开画面名称列表，显示当前工程中已有的画面的画面名称。选择要显示的画面名称，并双击它。则该画面名称自动添加到了函数的参数位置。至此，该例中显示画面的程序编辑工作完成。

此函数用于显示画面。使用格式如下：

ShowPicture("PictureName");

课后思考

1. 在用户的工程中添加一个实时曲线画面。
2. 在用户的工程中添加一个历史曲线画面，熟悉通用历史曲线的控件的各种使用方法。
3. 阅读组态王在线帮助中的 KVTHREND 控件的属性方法。
4. 设置三个画面，通过按钮切换显示不同的画面。

第7章 报表系统

7.1 实时数据报表

数据报表是反映生产过程中的过程数据、运行状态等,并对数据进行记录、统计的一种重要工具,是生产过程必不可少的一个重要环节。它既能反映系统实时的生产情况,又能对长期的生产过程数据进行统计、分析,使管理人员能够掌握和分析生产过程情况。

组态王提供内嵌式报表系统,工程人员可以任意设置报表格式,对报表进行组态。组态王为工程人员提供了丰富的报表函数,实现各种运算、数据转换、统计分析、报表打印等,既可以制作实时报表,又可以制作历史报表。另外,工程人员还可以制作各种报表模板,实现多次使用,以免重复工作。

7.1.1 创建实时数据报表

实时数据报表创建过程如下。

① 新建一画面,名称为:实时数据报表画面。

② 选择工具箱中的 **T** 工具,在画面上输入文字:实时数据报表。

③ 选择工具箱中的 工具,在画面上绘制一实时数据报表窗口,如图 7-1 所示。

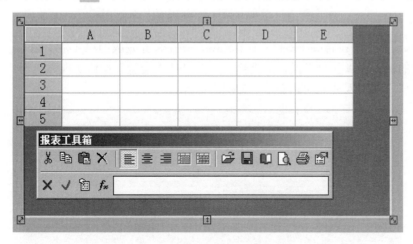

图 7-1 实时数据报表窗口

"报表工具箱"会自动显示出来,双击窗口的灰色部分,弹出"报表设计"对话框,如图 7-2 所示。对话框设置如下。

- 报表控件名:Report1。
- 行数:6。
- 列数:10。

④ 输入静态文字:选中 A1 到 J1 的单元格区域,执行"报表工具箱"中的"合并单元格"命令,并在合并完成的单元格中输入"实时报表演示"。

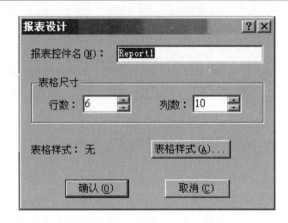

图 7-2 "报表设计"对话框

利用同样方法输入其他静态文字,如图 7-3 所示。

	A	B	C	D	E
1	实时报表演示				
2	日期:			时间:	
3	原料油液位:		米		
4					
5	成品油液位:		米		
6				值班人:	

图 7-3 实时数据报表窗口中的静态文字

⑤ 插入动态变量:合并 B2 和 C2 单元格,并在合并完成的单元格中输入:=\\本站点\\$日期(变量的输入可以利用"报表工具箱"中的"插入变量"按钮实现)。

利用同样方法输入其他动态变量,如图 7-4 所示。

	A	B	C	D	E	F	G
1	实时报表演示						
2	日期:	=\\本站点\\$日期		时间:	=\\本站点\\$时间		
3	原料油液位:	=\\本站点\\原料油液位	米				
4							
5	成品油液位:	=\\本站点\\成品油液位	米				
6				值班人:	=\\本站点\\$用户名		

图 7-4 设置完毕的报表窗口

注意 如果变量名前没有添加 "=" 符号,此变量被当作静态文字来处理。

⑥ 单击"文件"菜单中的"全部存"命令,保存所做的设置。

⑦ 单击"文件"菜单中的"切换到 VIEW"命令,进入运行系统。系统默认运行的画面可能不是用户刚刚编辑完成的"实时数据报表画面",可以通过运行界面中"画面"菜单中的"打开"命令,将其打开后方可运行,如图 7-5 所示。

图 7-5　运行中的实时数据报表

7.1.2　实时数据报表打印

（1）实时数据报表自动打印设置过程

① 在"实时数据报表画面"中添加一按钮，按钮文本为：实时数据报表自动打印。

② 在按钮的弹起事件中输入命令语言，如图 7-6 所示。

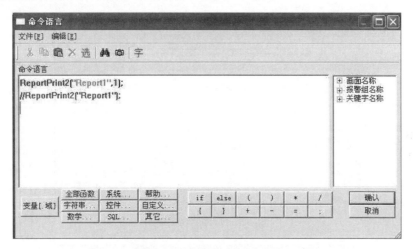

图 7-6　实时数据报表画面

③ 单击"确认"按钮，关闭命令语言编辑框。当系统处于运行状态时，单击此按钮，数据报表将被打印出来。

（2）实时数据报表手动打印设置过程

① 在"实时数据报表画面"中添加一按钮，按钮文本为：实时数据报表手动打印。

② 在按钮的弹起事件中输入命令语言，如图 7-7 所示。

③ 单击"确认"按钮，关闭命令语言编辑框。

④ 当系统处于运行状态时，单击此按钮，弹出"打印"对话框，如图 7-8 所示。

⑤ 在"打印"对话框中做相应设置后，单击"确定"按钮，数据报表将被打印出来。

（3）实时数据报表页面设置过程

① 在"实时数据报表画面"中添加一按钮，按钮文本为：实时数据报表页面设置。

② 在按钮的弹起事件中输入命令语言，如图 7-9 所示。

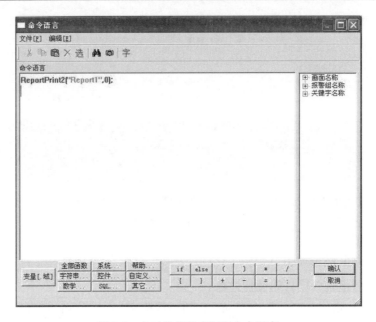

图 7-7 实时数据报表打印命令语言

图 7-8 "打印"对话框

图 7-9 实时数据报表页面设置命令语言

③ 单击"确认"按钮，关闭命令语言编辑框。

④ 当系统处于运行状态时，单击此按钮，弹出"页面设置"对话框，如图 7-10 所示。

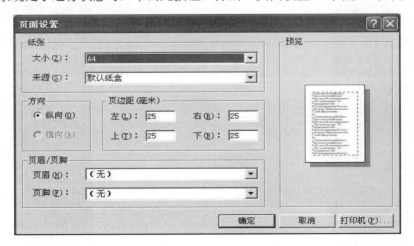

图 7-10　"页面设置"对话框

⑤ 在"页面设置"对话框中对报表的页面属性做相应设置后，单击"确定"按钮，完成报表的页面设置。

（4）实时数据报表打印预览设置过程

① 在"实时数据报表画面"中添加一按钮，按钮文本为：实时数据报表打印预览。

② 在按钮的弹起事件中输入命令语言，如图 7-11 所示。

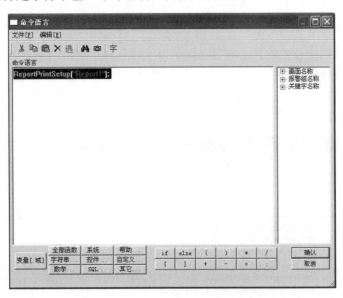

图 7-11　实时数据报表打印预览设置命令语言

③ 单击"确认"按钮，关闭命令语言编辑框。

④ 当系统处于运行状态时，页面设置完毕，单击此按钮，系统会自动隐藏组态王的开发系统和运行系统窗口，并进入打印预览窗口，如图 7-12 所示。

⑤ 在打印预览窗口中使用"打印预览"查看打印后的效果，单击"关闭"按钮，结束

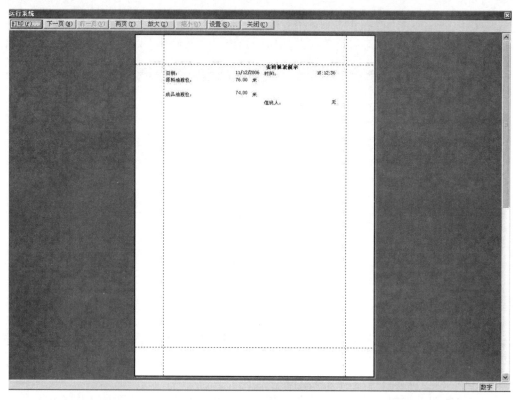

图 7-12　打印预览窗口

预览，系统自动恢复组态王的开发系统和运行系统窗口。

7.1.3　实时数据报表的存储

实现以当前时间作为文件名、将实时数据报表保存到指定文件夹下的操作过程如下。

① 在当前工程路径下建立一文件夹：实时数据文件夹。

② 在"实时数据报表画面"中添加一按钮，按钮文本为：保存实时数据报表。

③ 在按钮的弹起事件中输入如下命令语言，如图 7-13 所示。

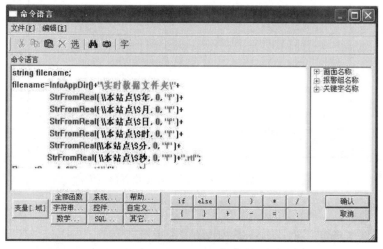

图 7-13　实时数据报表实时数据存储命令语言

命令语言如下所示：

```
string filename;
filename=InfoAppDir()+"\实时数据文件夹\"+
      StrFromReal( \\本站点\$年, 0, "f" )+
      StrFromReal( \\本站点\$月, 0, "f" )+
      StrFromReal( \\本站点\$日, 0, "f" )+
      StrFromReal( \\本站点\$时, 0, "f" )+
      StrFromReal(\\本站点\$分, 0, "f" )+
      StrFromReal( \\本站点\$秒, 0, "f" )+".rtl";
ReportSaveAs("Report1",filename);
```

④ 单击"确认"按钮，关闭命令语言编辑框。当系统处于运行状态时，单击此按钮，数据报表将以当前时间作为文件名保存实时数据报表。

7.1.4　实时数据报表的查询

利用系统提供的命令语言，可将实时数据报表以当前时间作为文件名保存在指定的文件夹中。对于已经保存到文件夹中的报表文件，实时数据报表的查询过程如下。

利用组态王提供的下拉式组合框与一报表窗口控件可以实现上述功能。

① 在工程浏览器窗口的数据词典中定义一个内存字符串变量。

- 变量名：报表查询变量。
- 变量类型：内存字符串。
- 初始值：空。

② 新建一画面，名称为：实时数据报表查询画面。

③ 选择工具箱中的 **T** 工具，在画面上输入文字：实时数据报表查询。

④ 选择工具箱中的 工具，在画面上绘制一实时数据报表窗口，控件名称为：Report2。

⑤ 选择工具箱中的 工具，在画面上插入一"下拉式组合框控件属性"，控件属性设置如图 7-14 所示。

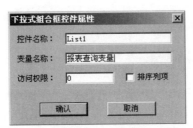

图 7-14　"下拉式组合框控件属性"设置

⑥ 在画面中单击鼠标右键，在画面属性的命令语言中输入如下命令语言，如图 7-15 所示。

命令语言如下所示：

```
string filename;
filename=InfoAppDir()+"\实时数据文件夹\*.rtl";
listClear("List1");
ListLoadFileName( "List1",filename);
```

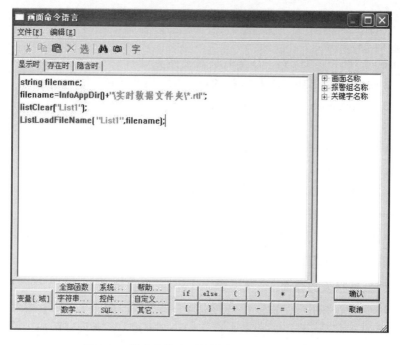

图 7-15　报表文件在下拉框中显示的命令语言

上述命令语言的作用是将已经保存到当前组态王工程路径下"实时数据文件夹"中的实时报表文件名称，在下拉式组合框中显示出来。

⑦ 在画面中添加一按钮，按钮文本为：实时数据报表查询。

⑧ 在按钮的弹起事件中输入命令语言，如图 7-16 所示。

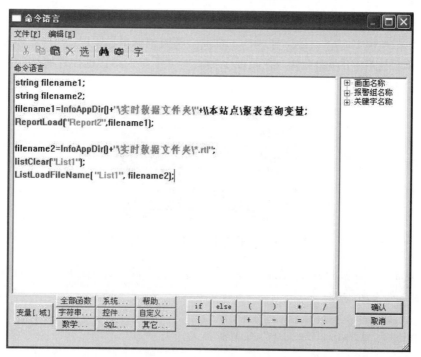

图 7-16　查询下拉框中选中的文件的命令语言

命令语言如下所示：

```
string filename1;
string filename2;
filename1=InfoAppDir()+"\实时数据文件夹\"+\\本站点\报表查询变量;
ReportLoad("Report2",);（指定路径下的报表 filename1 读到报表 2 中来）
filename2=InfoAppDir()+"\实时数据文件夹\*.rtl";
listClear("List1");
ListLoadFileName( "List1", filename2);
```

上述命令语言的作用是将下拉式组合框中选中的报表文件的数据显示在 Report2 报表窗口中，其中"\\本站点\报表查询变量"保存了下拉式组合框中选中的报表文件名。

⑨ 设置完毕后单击"文件"菜单中的"全部存"命令，保存所做的设置。

⑩ 单击"文件"菜单中的"切换到 VIEW"命令，运行此画面。当单击下拉式组合框控件时，保存在指定路径下的报表文件全部显示出来，选择任一报表文件名，单击"实时数据报表查询"按钮后，此报表文件中的数据会在报表窗口中显示出来，从而达到了实时数据报表查询的目的。

7.2　历史数据报表

7.2.1　创建历史数据报表

历史数据报表创建过程如下。

① 新建一画面，名称为：历史数据报表画面。

② 选择工具箱中的 T 工具，在画面上输入文字：历史数据报表。

③ 选择工具箱中的 工具，在画面上绘制一"历史数据报表"窗口，控件名称为 Report5，并设计表格，如图 7-17 所示。

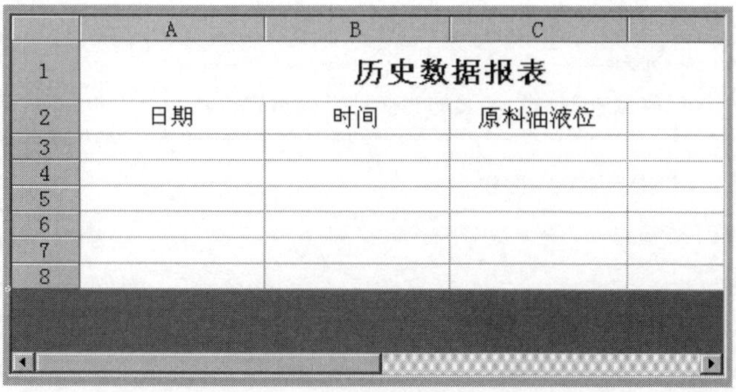

图 7-17　"历史数据报表"窗口

7.2.2　历史数据报表的查询

利用组态王提供的 ReportSetHistData2 函数，可从组态王记录的历史库中按指定的起始时间和时间间隔查询指定变量的数据。设置过程如下。

① 在画面中添加一按钮，按钮文本为：历史数据报表查询。

② 在按钮的弹起事件中输入命令语言，如图 7-18 所示。

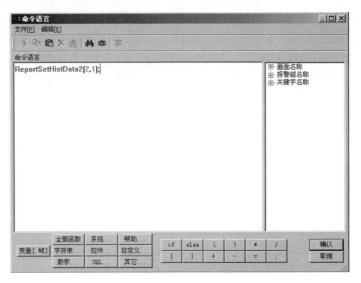

图 7-18　历史数据报表查询命令语言

③ 设置完毕后单击"文件"菜单中的"全部存"命令，保存所做的设置。

④ 单击"文件"菜单中的"切换到 VIEW"命令，运行此画面。单击"历史数据报表查询"按钮，弹出"报表历史查询"对话框，如图 7-19 所示。

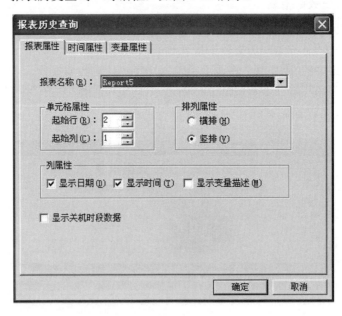

图 7-19　"报表历史查询"对话框

"报表历史查询"对话框分三个属性页：报表属性页、时间属性页、变量属性页。

报表属性页　在报表属性页中，可以设置报表查询的显示格式，此属性页设置如图 7-19 所示。

时间属性页　在时间属性页中，可以设置查询的起止时间以及查询的时间间隔，如图 7-20 所示。

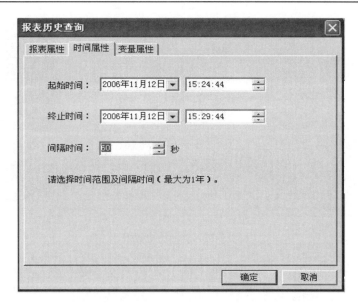

图 7-20　报表历史查询窗口中的时间属性页

变量属性页　在变量属性页中，可以选择欲查询历史数据的变量，如图 7-21 所示。

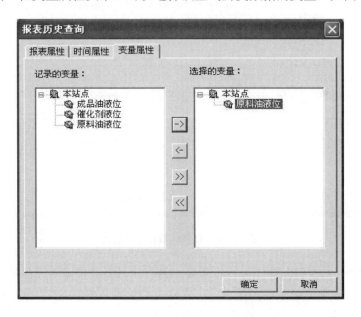

图 7-21　报表历史查询窗口中的变量属性页

⑤ 设置完毕后单击"确定"按钮，原料油液位变量的历史数据即可显示在历史数据报表控件中，从而达到了历史数据查询的目的，如图 7-22 所示。

7.2.3　历史数据报表的其他应用

（1）1 分钟数据报表演示

利用报表窗口工具，结合组态王提供的命令语言，可实现一个 1 分钟的数据报表。设置过程如下。

① 新建一画面，名称为：1 分钟数据报表演示。

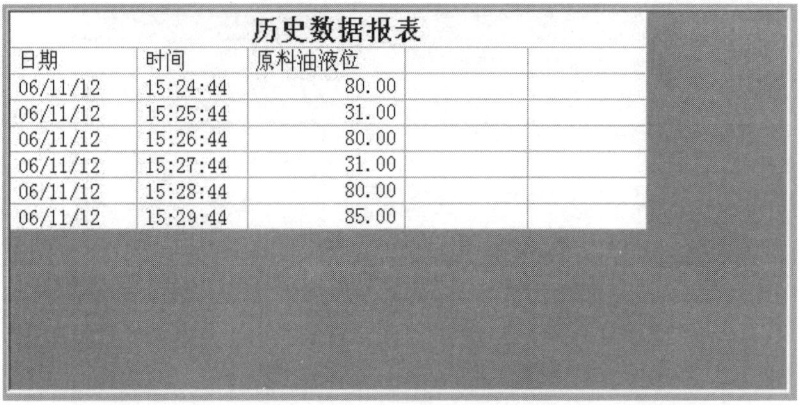

历史数据报表				
日期	时间	原料油液位		
06/11/12	15:24:44	80.00		
06/11/12	15:25:44	31.00		
06/11/12	15:26:44	80.00		
06/11/12	15:27:44	31.00		
06/11/12	15:28:44	80.00		
06/11/12	15:29:44	85.00		

图 7-22 查询历史数据

② 选择工具箱中的T工具，在画面上输入文字：1 分钟数据报表演示。

③ 选择工具箱中的工具，在画面上绘制一报表窗口（64 行 5 列），控件名称为 Report6，并设计表格，如图 7-23 所示。

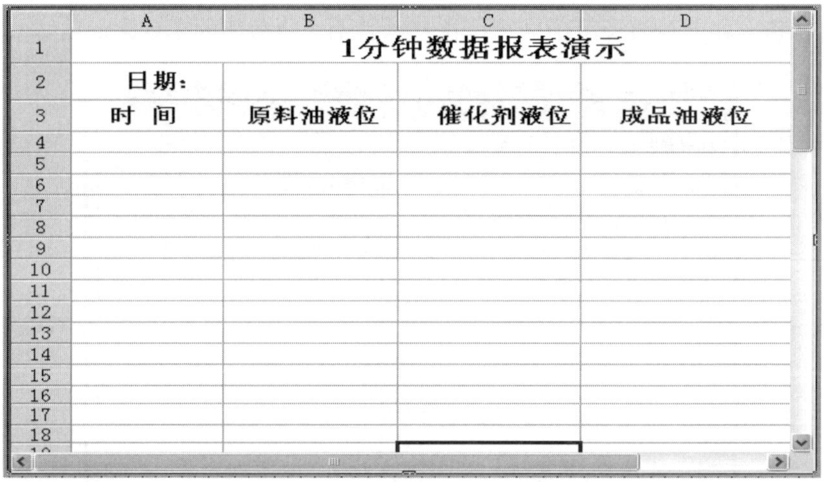

	A	B	C	D
1	1分钟数据报表演示			
2	日期：			
3	时 间	原料油液位	催化剂液位	成品油液位
4				
5				
6				
7				
8				
9				
10				
11				
12				
13				
14				
15				
16				
17				
18				

图 7-23 1 分钟的数据报表设计

④ 在工程浏览器窗口左侧“工程目录显示区”中选择“命令语言”中的“数据改变命令语言”选项，在右侧“目录内容显示区”中双击“新建”图标，在弹出的编辑框中输入脚本语言，如图 7-24 所示。

命令语言如下所示（当系统变量“\\本站点\$秒”变化时，执行该脚本程序）：

```
long row;
row=\\本站点\$秒+4;
ReportSetCellString("Report6", 2, 2, \\本站点\$日期);
ReportSetCellString("Report6", row, 1, \\本站点\$时间);
ReportSetCellValue("Report6", row, 2, \\本站点\原料油液位);
ReportSetCellValue("Report6", row, 3, \\本站点\催化剂液位);
ReportSetCellValue("Report6", row, 4, \\本站点\成品油液位);
```

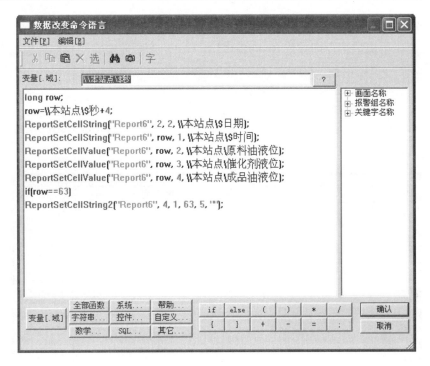

图 7-24 数据改变命令语言

```
If(row= =63)
ReportSetCellString2("Report6", 4, 1, 63, 5, "");
```

上述命令语言的作用是将"\\本站点\原料油液位""\\本站点\催化剂液位"和"\\本站点\成品油液位"变量每秒的数据自动写入报表控件中。

⑤ 设置完毕后单击"文件"菜单中的"全部存"命令，保存所做的设置。

⑥ 单击"文件"菜单中的"切换到 VIEW"命令，运行此画面。系统自动将数据写入报表控件中，如图 7-25 所示。

1分钟数据报表演示

日 期：	2006-11-13		
时 间	原料油液位	催化剂液位	成品油液位
11:08:00	27.00	26.00	25.00
11:08:01	27.00	26.00	25.00
11:08:02	24.00	23.00	22.00
11:08:03	21.00	20.00	19.00
11:08:04	18.00	17.00	16.00
11:08:05	15.00	14.00	13.00
11:08:06	12.00	11.00	10.00
11:08:07	9.00	8.00	7.00
11:08:08	9.00	8.00	7.00
11:08:09	6.00	5.00	4.00
11:08:10	3.00	2.00	1.00
11:08:11	0.00	100.00	99.00
11:08:12	98.00	97.00	96.00
11:08:13	98.00	97.00	96.00
11:08:14	95.00	94.00	93.00
11:08:15	92.00	91.00	90.00
11:08:16	89.00	88.00	87.00

图 7-25 1 分钟数据报表查询

（2）1分钟数据查询报表演示（间隔时间为2秒）

利用组态王历史数据查询函数 ReportSetHistData()，实现定时自动查询历史数据，并获取1分钟数据的平均值，设置过程如下。

① 新建一画面，名称为：1分钟数据查询报表演示。

② 选择工具箱中的 **T** 工具，在画面上输入文字：1分钟数据查询报表演示。

③ 选择工具箱中的 工具，在画面上绘制一报表窗口（33行5列），控件名称为Report7，并设计表格，如图7-26所示。

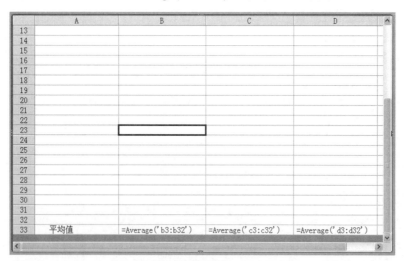

图7-26　1分钟数据查询报表演示

④ 在报表窗口的B33单元格中填写"=Average('b3:b32')"，c33单元格中填写"=Average('c3:c32')"，d33单元格中填写"=Average('d3:d32')"，如图7-27所示。

图7-27　1分钟数据查询报表填写方式

⑤ 在工程浏览器窗口左侧"工程目录显示区"中选择"命令语言"中的"数据改变命令语言"选项，在右侧"目录内容显示区"中双击"新建"图标，在弹出的编辑框中输入脚

本语言，如图 7-28 所示。

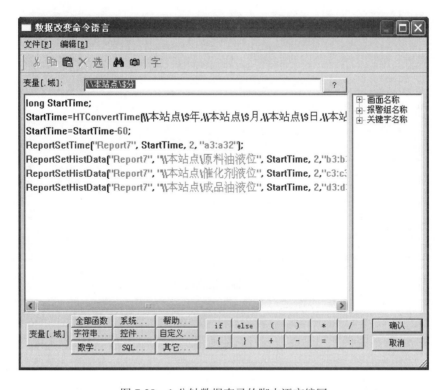

图 7-28　1 分钟数据查寻的脚本语言编写

数据改变命令语言如下所示（当系统变量"\\本站点\$分"变化时，执行该脚本程序）：

```
long StartTime;
StartTime=HTConvertTime(\\本站点\$年,\\本站点\$月,\\本站点\$日,\\本站点\$时,\\本站点\$分,0);
StartTime=StartTime-60;
ReportSetTime("Report7", StartTime, 2, "a3:a32");
ReportSetHistData("Report7", "\\本站点\原料油液位", StartTime, 2,"b3:b32");
ReportSetHistData("Report7", "\\本站点\催化剂液位", StartTime, 2,"c3:c32");
ReportSetHistData("Report7", "\\本站点\成品油液位", StartTime, 2,"d3:d32");
```

上述命令语言的作用是查询"\\本站点\原料油液位""\\本站点\催化剂液位"和"\\本站点\成品油液位"变量当前时间前 1 分钟的数据，查询间隔为 2 秒，把时间显示在报表 Report7 的 a3～a32 单元格中，数据的查询结果分别显示在报表 Report7 的 b3～b32、c3～c32 和 d3～d32 单元格中。

⑥ 设置完毕后单击"文件"菜单中的"全部存"命令，保存所做的设置。

⑦ 单击"文件"菜单中的"切换到 VIEW"命令，运行此画面。系统自动将数据写入报

表控件中，如图 7-29 所示。

1 分钟数据查询报表演示			
时　间	原料油液位	催化剂液位	成品油液位
2006/11/13 12:17:00	63.00	62.00	61.00
2006/11/13 12:17:02	57.00	56.00	55.00
2006/11/13 12:17:04	51.00	50.00	49.00
2006/11/13 12:17:06	48.00	47.00	46.00
2006/11/13 12:17:08	42.00	41.00	40.00
2006/11/13 12:17:10	36.00	35.00	34.00
2006/11/13 12:17:12	33.00	32.00	31.00
2006/11/13 12:17:14	27.00	26.00	25.00
2006/11/13 12:17:16	21.00	20.00	19.00
2006/11/13 12:17:18	18.00	17.00	16.00
2006/11/13 12:17:20	12.00	11.00	10.00
2006/11/13 12:17:22	6.00	5.00	4.00
2006/11/13 12:17:24	3.00	2.00	1.00
2006/11/13 12:17:26	98.00	97.00	96.00
2006/11/13 12:17:28	95.00	94.00	93.00
2006/11/13 12:17:30	89.00	88.00	87.00
2006/11/13 12:17:32	83.00	82.00	81.00
2006/11/13 12:17:34	80.00	79.00	78.00
2006/11/13 12:17:36	74.00	73.00	72.00
2006/11/13 12:17:38	68.00	67.00	66.00
2006/11/13 12:17:40	65.00	64.00	63.00

图 7-29　1 分钟数据查询报表演示

⑧ 在 1 分钟数据查询报表中，"\\本站点\原料油液位""\\本站点\催化剂液位"和"\\本站点\成品油液位"变量的查询结果的平均值分别显示在 b33、c33 和 d33 单元格中，如图 7-30所示。

2006/11/13 12:18:16	73.00	72.00	71.00
2006/11/13 12:18:18	70.00	69.00	68.00
2006/11/13 12:18:20	64.00	63.00	62.00
2006/11/13 12:18:22	58.00	57.00	56.00
2006/11/13 12:18:24	55.00	54.00	53.00
2006/11/13 12:18:26	49.00	48.00	47.00
2006/11/13 12:18:28	43.00	42.00	41.00
2006/11/13 12:18:30	40.00	39.00	38.00
2006/11/13 12:18:32	34.00	33.00	32.00
2006/11/13 12:18:34	28.00	27.00	26.00
2006/11/13 12:18:36	25.00	24.00	23.00
2006/11/13 12:18:38	19.00	18.00	17.00
2006/11/13 12:18:40	13.00	12.00	11.00
2006/11/13 12:18:42	10.00	9.00	8.00
2006/11/13 12:18:44	4.00	3.00	2.00
2006/11/13 12:18:46	1.00	0.00	100.00
2006/11/13 12:18:48	96.00	95.00	94.00
2006/11/13 12:18:50	93.00	92.00	91.00
2006/11/13 12:18:52	90.00	89.00	88.00
2006/11/13 12:18:54	84.00	83.00	82.00
2006/11/13 12:18:56	78.00	77.00	76.00
2006/11/13 12:18:58	75.00	74.00	73.00
平均值	52.60	51.60	53.97

图 7-30　1 分钟数据查询报表平均值显示

课 后 思 考

制作一个日报表，包括自动保存、自动打印、保存的报表手动查询等功能。

第8章 用户管理与系统安全

8.1 组态王的用户配置过程

在组态王系统中，为了保证运行系统的安全运行，对画面上的图形对象设置了访问权限，同时给操作者分配了访问优先级和安全区，只有操作者的优先级大于对象的优先级且操作者的安全区在对象的安全区内时才可访问，否则不能访问画面中的图形对象。

8.1.1 设置用户的安全区与权限

优先级分 1~999 级，1 级最低，999 级最高。每个操作者的优先级只有一个。系统安全区共有 64 个，用户在进行配置时，每个用户可选择除"无"以外的多个安全区，即一个用户可有多个安全区权限。用户安全区及权限设置过程如下。

① 在工程浏览器窗口左侧"工程目录显示区"中双击"系统配置"中的"用户配置"选项，弹出"用户和安全区配置"对话框，如图 8-1 所示。

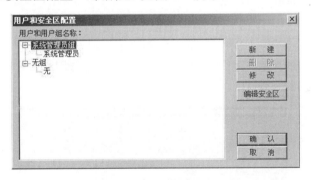

图 8-1 "用户和安全区配置"对话框

② 单击此对话框中的"编辑安全区"按钮，弹出"安全区配置"对话框，如图 8-2 所示。选择"A"安全区，并利用"修改"按钮将安全区名称修改为"反应车间"。

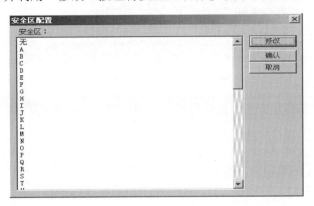

图 8-2 "安全区配置"对话框

③ 单击"确认"按钮，关闭对话框。在"用户和安全区配置"对话框中单击"新建"按钮，在弹出的"定义用户组和用户"对话框中配置用户组，如图8-3所示。对话框设置如下。

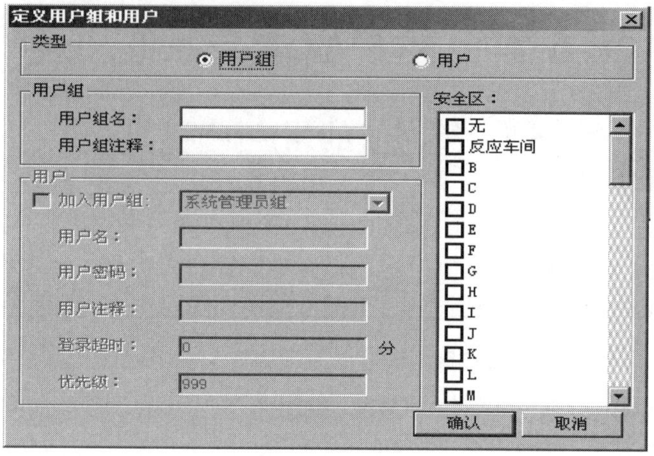

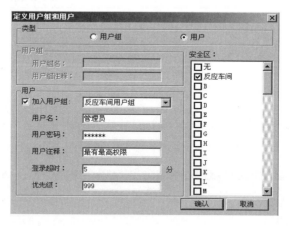

图8-3 "定义用户组和用户"对话框

- 类型：用户组。
- 用户组名：反应车间用户组。
- 安全区：无。

④ 单击"确认"按钮，关闭对话框，回到"用户和安全区配置"对话框后，再次单击"新建"按钮，在弹出的"定义用户组和用户"对话框中配置用户。对话框的设置如图8-4所示。用户密码设置为"master"。

图8-4 "定义用户组和用户"对话框

⑤ 利用同样方法再建立两个操作员用户，用户属性设置如下所示。

- 管理员

类型：用户。

加入用户组：反应车间用户组。

用户名：管理员。

用户密码：operater。

用户注释：最高权限。

登录超时：5 分。

优先级：200。

安全区：反应车间。

- 操作员 1

类型：用户。

加入用户组：反应车间用户组。

用户名：操作员 1。

用户密码：operater1。

用户注释：具有一般权限。

登录超时：5。

优先级：50。

安全区：反应车间。

- 操作员 2

类型：用户。

加入用户组：反应车间用户组。

用户名：操作员 2。

用户密码：operater2。

用户注释：具有一般权限。

登录超时：5。

优先级：150。

安全区：无。

⑥ 单击"确认"按钮，关闭"定义用户组和用户"对话框，用户安全区及权限设置完毕。

8.1.2　设置图形对象的安全区与权限

与用户一样，图形对象同样具有 1～999 个优先级别和 64 个安全区，在前面编辑的"监控中心"画面中设置"系统退出"按钮，其功能是退出组态王运行环境。而对一个实际的系统来说，可能不是每个登录用户都有权利使用此按钮，只有上述建立的反应车间用户组中的"管理员"登录时，才可以按此按钮退出运行环境，反应车间用户组的"操作员"登录时不可操作此按钮。其对象安全属性设置过程如下。

① 在工程浏览窗口中打开"监控中心"画面，双击画面中的"系统退出"按钮，在弹出的"动画连接"对话框中设置按钮的优先级为"100"，安全区为"反应车间"，如图 8-5 所示。

② 单击"确定"按钮，关闭此对话框，按钮对象的安全区与权限设置完毕。

③ 单击"文件"菜单中的"全部存"命令，保存所做的修改。

④ 单击"文件"菜单中的"切换到 VIEW"命令，进入运行系统，运行"监控中心"画面。在运行环境界面中单击"特殊"菜单中的"登录开"命令，弹出"登录"对话框，如图 8-6 所示。

当以上述所建的"管理员"登录时，画面中的"系统退出"按钮为可编辑状态，单击此按钮退出组态王运行系统；当分别以"操作员 1"和"操作员 2"登录时，"系统退出"按钮

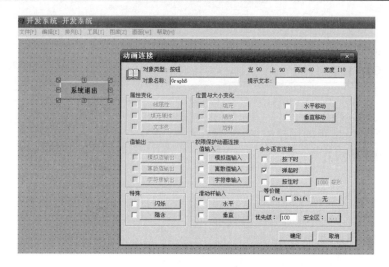

图 8-5　对"退出系统"画面安全区设置

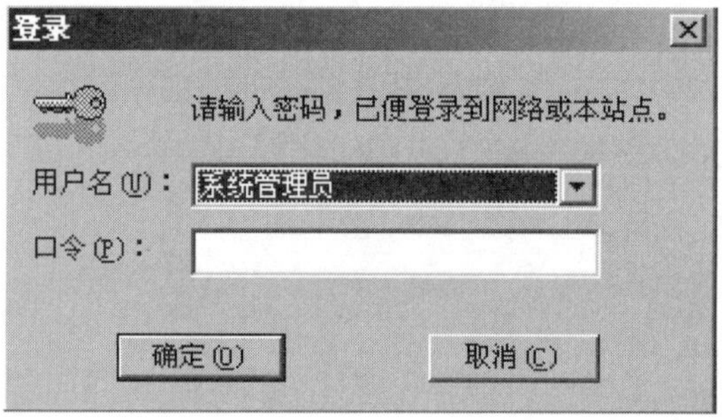

图 8-6　"登录"对话框

为不可编辑状态（灰色的），此时按钮是不能操作的。这是因为对"操作员 1"来说，他的操作安全区包含了按钮对象的安全区（即反应车间安全区），但是权限小于按钮对象的权限（按钮权限为 100，操作员 1 的权限为 50）。对于"操作员 2"来说，他的操作权限虽然大于按钮对象的权限（按钮权限为 100，操作员 2 的权限为 150），但是其安全区没有包含按钮对象的安全区。所以，这两个用户登录后都不能操作按钮。

8.2　系统安全的设置

为了防止其他人员对工程进行修改，在组态王开发系统中可以对工程进行加密，当打开加密工程时，必须输入正确密码后才能打开，从而保护了工程开发者的权益。

工程加密设置过程如下。

① 在工程浏览器窗口中单击"工具"菜单中的"工程加密"命令，弹出"工程加密处理"对话框，如图 8-7 所示。设置工程密码为：eng。

② 单击"确定"按钮，关闭此对话框，系统自动对工程进行加密处理工作。

③ 关闭组态王开发环境，在重新打开演示工程之前，系统会提示密码窗口，输入"eng"后方可打开演示工程。

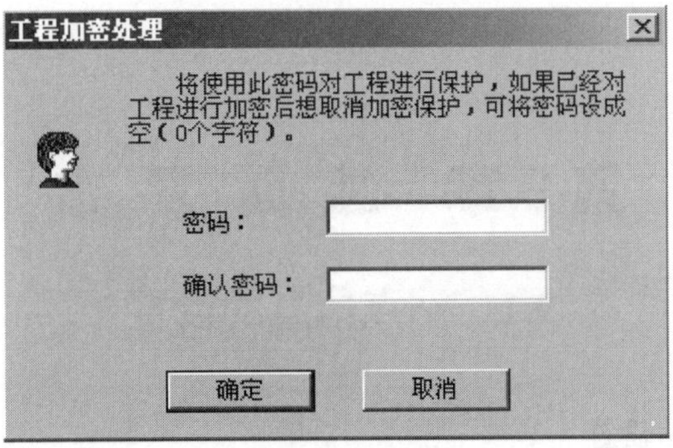

图 8-7　"工程加密处理"对话框

注意　密码不能丢失，否则没有办法找回密码。

课 后 思 考

1. 配置两个用户分别能够操作不同的对象。
2. 实现工程加密的功能。

第9章 画面发布

9.1 站点信息的设置

9.1.1 画面发布初始设置

双击"发布画面",将弹出"页面发布向导"对话框,如图9-1所示。

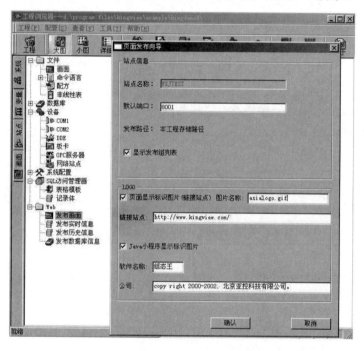

图9-1 "页面发布向导"对话框

"默认端口"是指IE与运行系统进行网络连接的应用程序端口号,默认为8001。如果所定义的端口号与本机的其他程序的端口号出现冲突,用户则需要按照实际情况修改成不被占用的端口。画面发布功能采用分组方式。可以将画面按照不同的需要,分成多个组进行发布,每个组都有独立的安全访问设置,可以供不同的客户群浏览。

9.1.2 画面发布过程

在工程管理器中选择"Web"目录,在工程管理器的右侧窗口双击"新建"图标,弹出"Web发布组配置"对话框。组名称是Web发布组的唯一的标识,由用户指定,同一工程中组名不能相同,且组名只能使用英文字母和数字的组合。组名的最大长度为31个字符。如果登录方式选择"匿名登录"选项,在打开IE浏览器时,不需要输入用户名和密码即可浏览组态王中发布的画面。如果选择"身份验证",就必须输入用户名和密码(这里的用户名和密码指的是在"用户配置"中设置的用户名和密码)。

9.2 画面浏览预配置

9.2.1 添加信任站点

双击系统控制面板下的 Internet 选项，或者直接在 IE 选择"工具\Internet 选项"菜单，打开"安全"属性页，选择"受信任的站点"图标，然后点击"站点"按钮，弹出如图 9-2 所示窗口。

图 9-2 添加信任点窗口

在"将该网站添加到区域中"输入框中输入进行组态王 Web 发布的机器名或 IP 地址，取消"对该区域中的站点...验证选项"选择，点击"添加"按钮，再点击"确定"按钮，即可将该站点添加到信任域中。通过以上步骤之后，就可以在 IE 浏览器浏览画面了。

浏览过程如下：启动组态王运行程序；打开 IE 浏览器，在浏览器的地址栏中输入地址，地址格式为"http://发布站点机器名（或 IP 地址）：端口号"，如图 9-3 所示。

图 9-3 IP 发布的端口号及输出页面

9.2.2 安装 JRE 插件

使用组态王 Web 功能需要 JRE 插件支持，如果客户端没有安装此插件，则在第一次浏览画面时系统会下载一个 JRE 的安装界面，将这个插件安装成功后方可进行浏览。该插件只需安装一次，安装成功后会保留在系统上，以后每次运行直接启动，不需重新安装。安装过程中弹出的安全警告窗口如图 9-4 所示。

图 9-4 在安装 JER 软件时弹出的安全警告窗口

单击"是"按钮，系统会自动安装 JRE 插件。在安装过程中会有安装进度显示。JRE 插件安装完毕，即可浏览到发布的画面，如图 9-5 所示。

图 9-5 通过 IE 浏览到监控画面

第2篇　组态王软件应用实例

第10章　穿销单元监控

控制要求

当按下启动按钮时，工件开始慢速移动，当到达定位口时，工件检测绿灯亮，检测销钉，有销钉时，止动汽缸放行，工件向下一站快速运行，工件检测红灯亮，止动汽缸复位。当按下停止按钮时，所有动作停止；当按下复位按钮时，所有动作复位。

训练目的

① 熟练下列操作：工具箱中的文本 T，图库 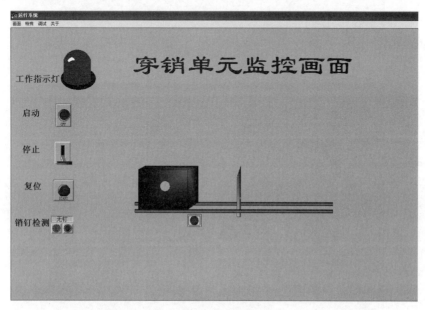，圆角矩形 ■，多边形 ◀，调色板 ▦，画刷类型 ▮，图素上对齐、水平对齐、下对齐、左对齐、垂直对齐 等，右对齐、水平居中、垂直居中 等。

② 用到的动画连接：旋转、隐含、水平移动。

③ 数据词典：定义变量。

④ 命令语言编程。

10.1　穿销动画效果演示

动作效果如图 10-1～图 10-9 所示。

图 10-1　穿销动画效果 1

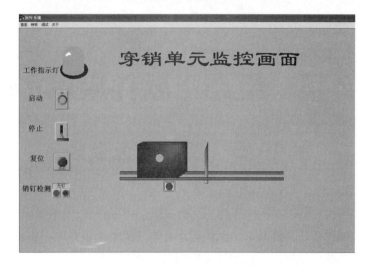

图 10-2　穿销动画效果 2

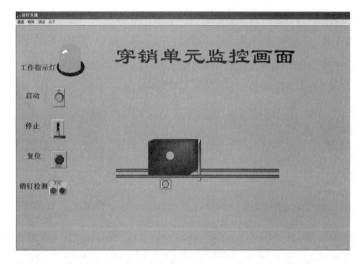

图 10-3　穿销动画效果 3

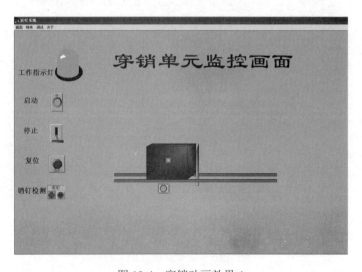

图 10-4　穿销动画效果 4

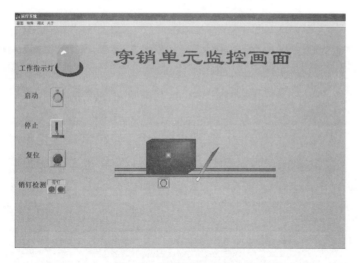

图 10-5　穿销动画效果 5

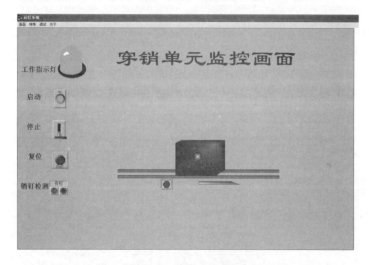

图 10-6　穿销动画效果 6

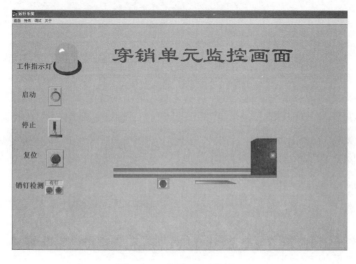

图 10-7　穿销动画效果 7

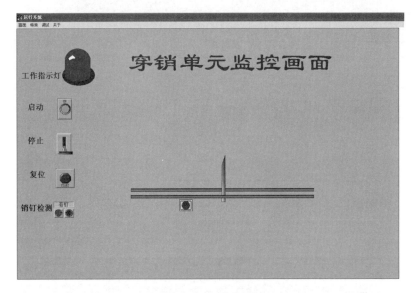

图 10-8　穿销动画效果 8

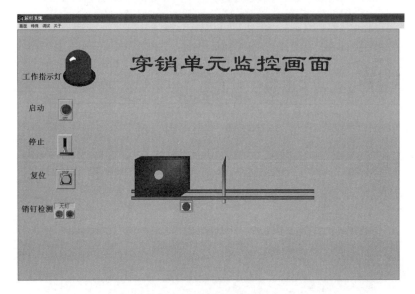

图 10-9　穿销动画效果 9

注意　关于工具箱，如果由于不小心操作导致找不到"工具箱"了，从菜单中也打不开，可进入组态王的安装路径"kingview"下，打开 toolbox.ini 文件，查看最后一项[Toolbox]是否位置坐标不在屏幕显示区域内，用户可以自己在该文件中修改，千万不要修改别的项目。

10.2　定义变量

建立 6 个离散变量、3 个整型变量，如表 10-1 所示，建立变量过程如图 10-10～图 10-12所示。

表 10-1　变量类型及名称

变量类型	变量名称	变量类型	变量名称	变量类型	变量名称
离散变量	启动	离散变量	工作指示灯	整型	工件 1
离散变量	停止	离散变量	工作指示灯	整型	工件 2
离散变量	复位	离散变量	销钉检测	整型	止动汽缸

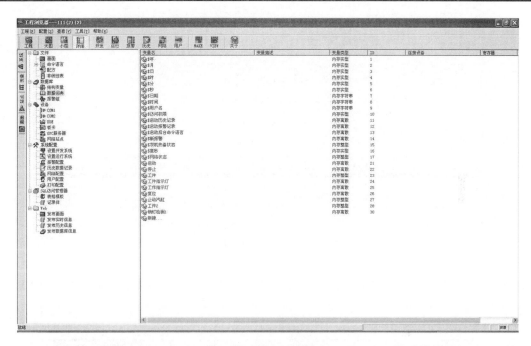

图 10-10　新建变量界面

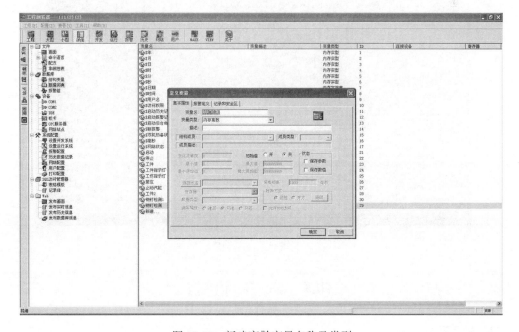

图 10-11　新建离散变量名称及类型

图 10-12 新建整型变量名称及类型

10.3 变 量 连 接

双击各按钮，弹出"按钮向导"对话框，点击"？"，进行相应的连接，如图 10-13 所示，依次连接各元件。

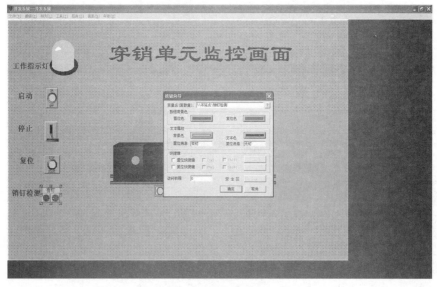

图 10-13 变量连接

10.4 命 令 语 言

（1）动画程序

在画面命令语言中输入如下程序：

```
if(\\本站点\启动==1&&\\本站点\停止==0&&\\本站点\复位==0)
{\\本站点\工件=\\本站点\工件+5;
\\本站点\工作指示灯=1;}
if(\\本站点\停止==1)
{\\本站点\工件=\\本站点\工件;
\\本站点\止动汽缸=\\本站点\止动汽缸;
\\本站点\工件 2=\\本站点\工件 2;}
if(\\本站点\工件==100)
\\本站点\工件指示灯=1;
if(\\本站点\复位==1)
{\\本站点\工件=0;\\本站点\工件 2=0;\\本站点\止动汽缸=0;\\本站点\销钉检测
=0;\\本站点\工作指示灯=0;
\\本站点\工件指示灯=0;}
if(\\本站点\工件指示灯==1&&\\本站点\销钉检测 1==1&&\\本站点\停止
==0&&\\本站点\复位==0)
\\本站点\止动汽缸=\\本站点\止动汽缸+5;
if(\\本站点\止动汽缸==100)
\\本站点\工件 2=\\本站点\工件 2+10;
if(\\本站点\工件 2>=10)
\\本站点\工件指示灯=0;
if(\\本站点\工件 2==100)
\\本站点\止动汽缸=0;
if(\\本站点\工件 2==100&&\\本站点\止动汽缸==0)
\\本站点\工作指示灯=0;
```

（2）改变字体

在画面命令语言的工具栏中选"字体"，如图 10-14 所示。不用全选就可以改变，如图 10-15 所示。

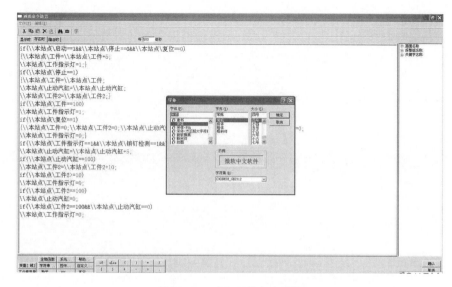

图 10-14　改变字体大小颜色

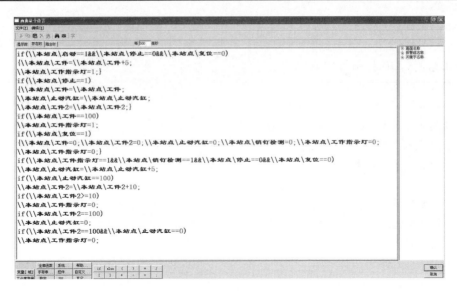

图 10-15 改变字体大小颜色效果

第11章 模拟钟表

控制要求

当按下启动按钮时，钟表从 12:00:00 开始走，并有数字显示；按下停止，停在当前状态；按下复位，回到初始状态。

训练目的

① 基本操作，如工具箱。

② 用到的动画连接：旋转、隐含、水平移动。

③ 数据词典：定义变量。

④ 命令语言编程。

11.1 画面的制作

新建画面，利用"工具栏"绘制画面，并在图库中添加三个控制按钮，如图 11-1 所示。

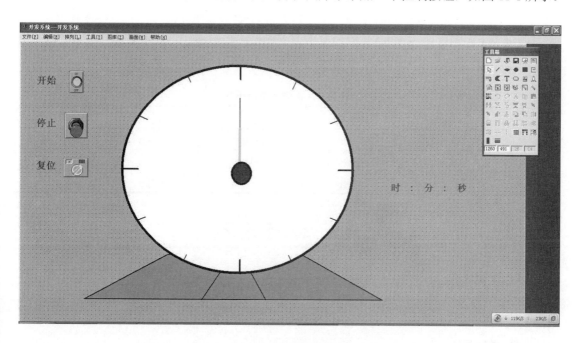

图 11-1 钟表画面

注意 该表指针的尺寸和颜色，在右侧工具箱中用" ▦ "" ▤ "设置，如图 11-2 所示，秒、分、时可采用不同的颜色。

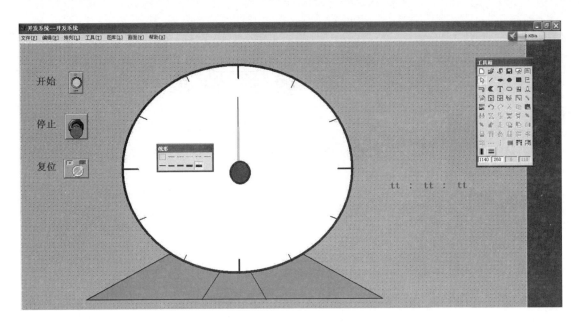

图 11-2　指针的尺寸及颜色

11.2　定　义　变　量

通过"工程浏览器\数据库\数据词典"定义变量：三个按钮、三个整型、三个实型，如表 11-1 所示。

表 11-1　钟表变量及类型

变量名称	变量类型	变量名称	变量类型	变量名称	变量类型
启动	内存离散	秒针	内存整型	秒针 3	内存实型
停止	内存离散	分针	内存整型	分针 3	内存实型
复位	内存离散	时针	内存整型	时针 3	内存实型

11.3　动　画　连　接

（1）按钮连接

双击"启动按钮"，弹出"开关向导"对话框，点击"？"选择变量，然后按"确定"。依次连接"停止"和"复位"，如图 11-3 所示。

（2）指针旋转

双击秒针，弹出"动画连接"对话框，点击"旋转"，弹出"旋转连接"对话框进行设置，如图 11-4 所示。三个指针依次做相同的设置。

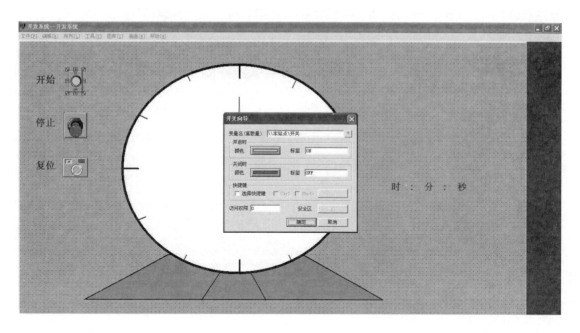

图 11-3 钟表按钮连接

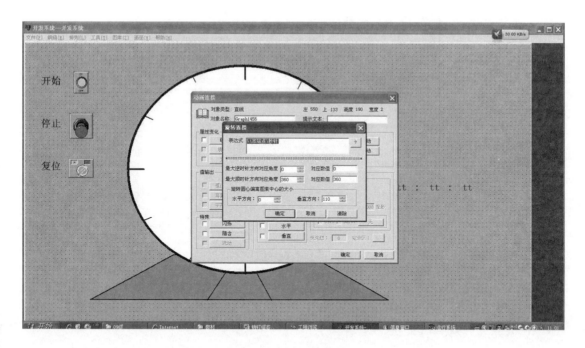

图 11-4 钟表指针连接

（3）命令语言

画面上点鼠标右键，选"画面属性"，弹出对话框如图 11-5 所示，点击命令语言。循环时间改为 100，如图 11-6 所示。

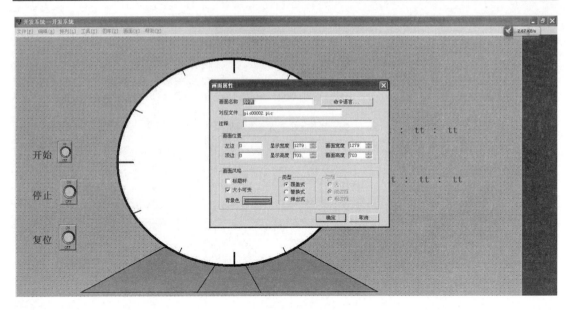

图 11-5　编写程序

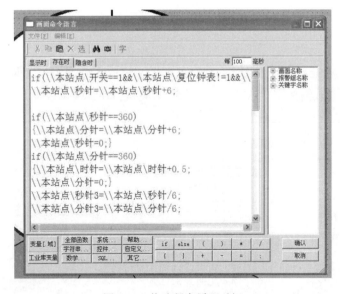

图 11-6　修改程序循环时间

参考程序：

```
if(\\本站点\开关==1)
\\本站点\秒针=\\本站点\秒针+1;
if(\\本站点\秒针==60)
{\\本站点\分针=\\本站点\分针+1;
\\本站点\秒针=0;}
if(\\本站点\分针==60)
{\\本站点\时针=\\本站点\时针+1;
\\本站点\分针=0;}
```

```
if(\\本站点\开关==1&&\\本站点\复位钟表!=1&&\\本站点\停止钟表!=1)
\\本站点\秒针=\\本站点\秒针+6；
if(\\本站点\秒针==360)
{\\本站点\分针=\\本站点\分针+6；
\\本站点\秒针=0；}
if(\\本站点\分针==360)
{\\本站点\时针=\\本站点\时针+0.5；
\\本站点\分针=0；}
\\本站点\秒针3=\\本站点\秒针/6；
\\本站点\分针3=\\本站点\分针/6；
if(\\本站点\时针==0)
\\本站点\时针3=12；
if(\\本站点\时针==30)
\\本站点\时针3=1；
if(\\本站点\时针==60)
\\本站点\时针3=2；
if(\\本站点\时针==90)
\\本站点\时针3=3；
if(\\本站点\时针==120)
\\本站点\时针3=4；
if(\\本站点\时针==160)
\\本站点\时针3=5；
if(\\本站点\时针==180)
\\本站点\时针3=6；
if(\\本站点\时针==210)
\\本站点\时针3=7；
if(\\本站点\时针==240)
\\本站点\时针3=8；
if(\\本站点\时针==270)
\\本站点\时针3=9；
if(\\本站点\时针==300)
\\本站点\时针3=10；
if(\\本站点\时针==330)
\\本站点\时针3=11；

if(\\本站点\复位钟表==1)
{\\本站点\时针3=12；
\\本站点\分针3=0；
```

```
\\本站点\秒针 3=0;
\\本站点\时针=0;
\\本站点\分针=0;
\\本站点\秒针=0;}
if(\\本站点\停止钟表 ==1)
{\\本站点\时针=\\本站点\时针;
\\本站点\分针=\\本站点\分针;
\\本站点\秒针=\\本站点\秒针;}
```

第12章 加盖单元

控制要求

当按下启动按钮时，加盖单元启动小盒，按工艺流程开始前进，在执行机械手动作的位置停止运动，该单元工作指示灯得电，加盖旋转电机得电，开始旋转，执行加盖动作。当执行完加盖动作，检测上盖的传感器得电，工作指示灯熄灭，工件继续前进，加盖电机反方向旋转，等待下一个工件到达加盖位置执行加盖动作。

训练目的

① 基本操作，如画面的制作、图素的合成等。

② 用到的动画连接：旋转、隐含、水平移动。

③ 数据词典：在连接实际控制设备的时候需要采集控制的 I/O 数据点信息，例如启停控制点、工件位置检测传感器、上盖检测传感器、电机正反转的限位等，而与旋转量相联系的数据是通过在内存中建立模拟量。在本例中因为是模拟实现功能，故 I/O 数据点信息也是通过内存数字量数据点来模拟的。

④ 命令语言编程。

12.1 画面的制作

① 选择工具箱中的圆形和方形，画出加盖小盒的盒体、旋转加盖的机械手臂等部件，对需要实现动画的各个部件进行组合。

注意 组合的时候有动画效果的对象要"合成组合图素"。

② 打开图库管理器，在阀门图库中选择 图素，双击后在加盖单元监控画面上单击鼠标，则该图素出现在相应的位置，移动到报警画面的示意图上，并拖动边框改变其大小，在其旁边标注文本：无上盖报警。最后生成的画面如图 12-1 所示。

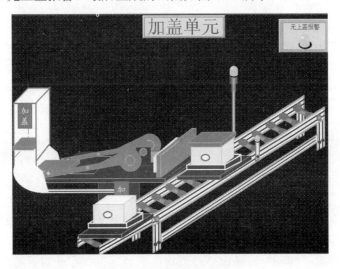

图 12-1 加盖单元整体画面

至此，一个简单的加盖单元监控画面就建立起来了。

③ 选择"文件"菜单的"全部存"命令，将所完成的画面进行保存。

12.2 定 义 变 量

通过"工程浏览器\数据库\数据词典"定义变量：一个启停按钮，工件检测、上盖检测、电机内外限位等模拟的 I/O 数据点，三个整型变量用于工件移入工位、工件移出工位、加盖机械手旋转。数据辞典如图 12-2 所示。

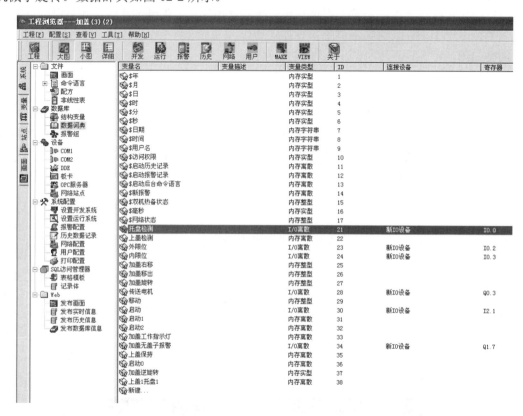

图 12-2 加盖单元变量及类型

12.3 动 画 连 接

（1）工件移动的动画连接

① 打开"监控中心"画面，在画面上双击"物料" 图形，弹出该图库的"动画连接"对话框，如图 12-3 所示，按图实行设置。

② 单击"确定"按钮，完成物料位移的动画连接。

③ 在工具箱中选择文本 T 工具，在物料旁边输入字符串"####"，这个字符串是任意的。当工程运行时，字符串的内容将被用户需要输出的模拟值所取代。

④ 双击文本对象"####"，弹出"动画连接"对话框。在此对话框中选择"模拟值输出"选项，弹出"模拟值输出连接"对话框，如图 12-4 所示。

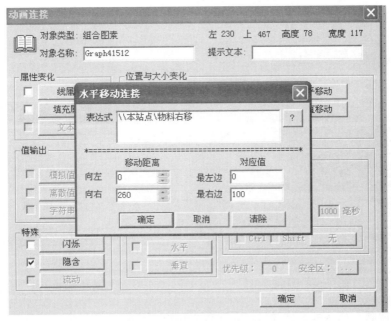

图 12-3　"动画连接"对话框

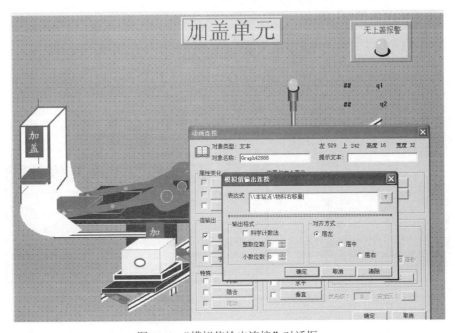

图 12-4　"模拟值输出连接"对话框

⑤ 单击"确定"按钮，完成动画连接的设置。当系统处于运行状态时，在文本框"####"中将显示原料物料位移实际值。

用同样的方法完成加盖摆臂的动画连接。

（2）工件移出工位的动画连接

① 隐含连接。隐含连接是使被连接对象根据条件表达式的值而显示或隐含。建立两个小盒的对象，一个是加盖以前的，一个是加盖以后的。因为这两个盒体在加盖前后的画面是不一样的，所以要对加盖前后的小盒的显示进行隐含，加盖前的小盒是没有盖的显示，有盖

的隐含，而执行完加盖任务以后，则相反。执行隐含操作的画面如图 12-5 所示。

双击被隐含对象（在这就是小盒），在"动画连接"对话框中单击"隐含"按钮，弹出
"隐含连接"对话框，如图 12-6 所示。

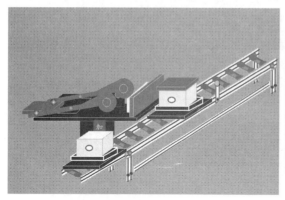 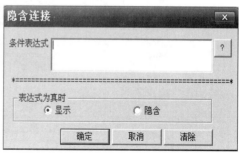

图 12-5　执行隐含操作的画面　　　　　　　图 12-6　"隐含连接"对话框

输入显示或隐含的条件表达式，单击"？"可以查看已定义的变量名和变量域。当条件
表达式值为 1（TRUE）时，被连接对象是显示。

② 闪烁连接。闪烁连接是使被连接对象在条件表达式的值为真时闪烁。闪烁效果易于
引起注意，故常用于出现非正常状态时的报警。

建立一个表示报警状态的红色圆形对象，使其能够在变量"加盖次数"的值大于 5 次时
闪烁。图 12-7 所示是在组态王开发系统中的设计状态。运行中当变量"加盖次数"的值大于
5 时，红色对象开始闪烁。

闪烁连接的设置方法是：在"动画连接"对话框中单击"闪烁"按钮，弹出对话框如图
12-8 所示。

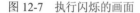 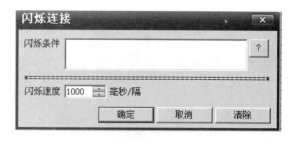

图 12-7　执行闪烁的画面　　　　　　　　图 12-8　"闪烁连接"对话框

输入闪烁的条件表达式，当此条件表达式的值为真时，图形对象开始闪烁。表达式的值
为假时，闪烁自动停止。单击"？"按钮，可以查看已定义的变量名和变量域。

（3）旋转连接

旋转连接是使对象在画面中的位置随连接表达式的值而旋转。下面建立一个加盖机械手
臂，实时跟踪机械手臂的旋转角度。执行旋转的画面如图 12-9 所示。

在"动画连接"对话框中单击"旋转连接"按钮，弹出对话框，如图 12-10 所示。

在编辑框内输入合法的连接表达式。单击"？"按钮，可以查看已定义的变量名和变量域。

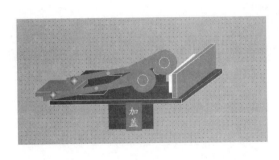

图 12-9　执行旋转的画面

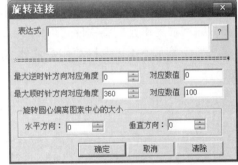

图 12-10　"旋转连接"对话框

- 表达式：\\本站点\机械手臂旋转角度。
- 最大逆时针方向对应角度：0。
- 对应值：0。
- 最大顺时针方向对应角度：180。
- 对应值：100。

单击"确定"按钮，保存，切换到运行画面查看仪表的旋转情况。

（4）水平滑动杆输入连接

下面建立一个用于改变变量"小盒移动速度"值的水平滑动杆。执行水平滑动杆的画面如图 12-11 所示。

在"动画连接"对话框中单击"水平滑动杆输入"按钮，弹出对话框，如图 12-12 所示。输入与图形对象相联系的变量。单击"？"，可以查看已定义的变量名和变量域。

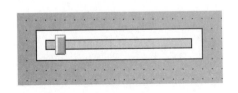

图 12-11　执行水平滑动杆的画面

图 12-12　"水平滑动杆输入连接"对话框

- 变量名：\\本站点\小盒移动速度。
- 移动距离：
  向左：0。
  向右：100。
- 对应值：
  最左边：0。
  最右边：100。

单击"确定"按钮，保存，切换到运行画面。当有滑动杆输入连接的图形对象被鼠标拖动时，与之连接的变量的值将会被改变。当变量的值改变时，图形对象的位置也会发生变化。

用同样的方法可以设置垂直滑动杆的动画连接。

（5）编写加盖单元控制程序

编写加盖单元中加盖电机动作及盒体运动画面的对应程序。画面上点击鼠标右键，选择"画面属性"，点击"命令语言"，完成监控工程制作，实施编程和调试。

程序如下所示：

```
if(\\本站点\启动 0==1)
  \\本站点\加盖右移=\\本站点\加盖右移+5;
if(\\本站点\托盘检测==1&&\\本站点\外限位==0)
  \\本站点\加盖旋转=\\本站点\加盖旋转+5;
if(\\本站点\上盖 1 托盘 1==1)
  \\本站点\加盖逆旋转=\\本站点\加盖逆旋转-5;
if(\\本站点\启动 2==1)
  \\本站点\加盖移出=\\本站点\加盖移出+5;
```

第13章 工业洗衣机监控

控制要求

当电源打开时，电源指示灯（红色）点亮，洗衣机在其他按键的控制下运转。上水开关按下时液面上升；水位达到最高时，上水开关自动复位。洗涤开关按下时滚筒旋转。排水开关按下时水位下降，到最低点时，排水开关自动复位。脱水开关按下时甩干桶旋转。不论洗衣机正在执行哪一步动作，当暂停按钮按下时，暂停运行，同时绿色指示灯闪烁。

训练目的

① 基本操作，如工具箱。

② 用到的动画连接：旋转、隐含、缩放。

③ 数据词典：定义变量。

④ 命令语言编程。

13.1 画面的制作

新建画面，利用工具栏绘制画面，如图 13-1 所示，步骤如下。

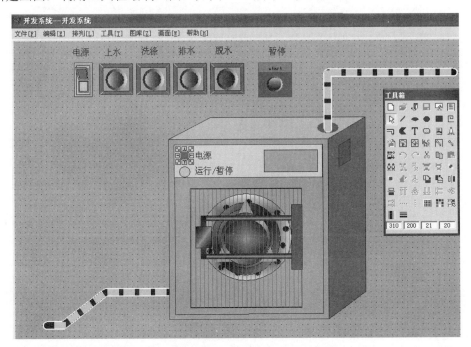

图 13-1 洗衣机监控画面

① 用多边形工具 绘制洗衣机的各个面，如图 13-2 所示。

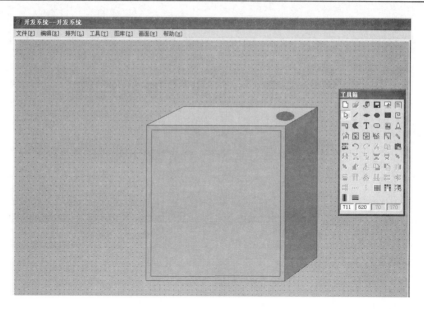

图 13-2　洗衣机机体绘制

②　用椭圆工具绘制电源及运行指示灯，并添加相应的文字。为了后面动画的需要，这里的电源灯（红色）实际是一个深红色的圆形上面覆盖了鲜红色的圆形。运行指示灯（绿色）也是同样的做法，如图 13-3 所示。

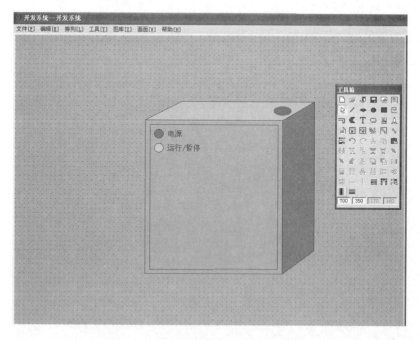

图 13-3　洗衣机电源、运行指示灯绘制

③　用椭圆工具 ● 绘制滚筒和甩干桶，上面的小孔等细节也是由椭圆和多边形工具绘制出的。

注意　要把它们组合成图素，如图 13-4 所示。

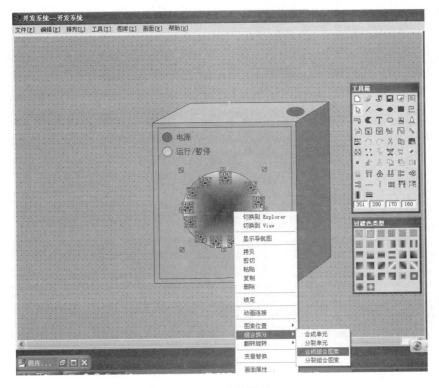

图 13-4　滚筒绘制

④ 绘制滚筒方法同甩干桶，如图 13-5 所示。

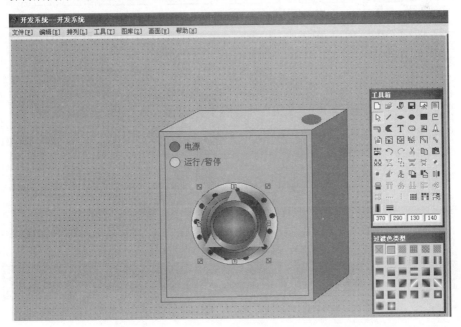

图 13-5　甩干筒绘制

⑤ 用矩形工具绘制水箱中的水。点击"显示画刷类型"，选择竖线填充方式，这样可以看到后面的滚筒和甩干桶，如图 13-6 所示。

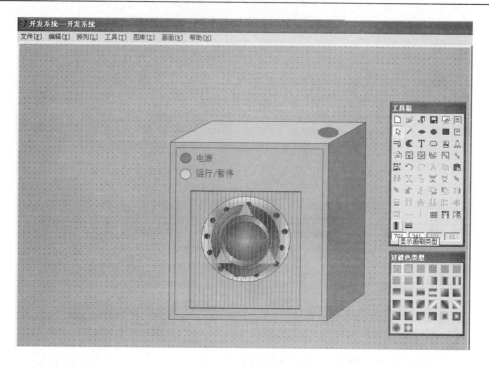

图 13-6　水箱效果绘制

⑥ 绘制仓门等细节以使画面美观，如图 13-7 所示。

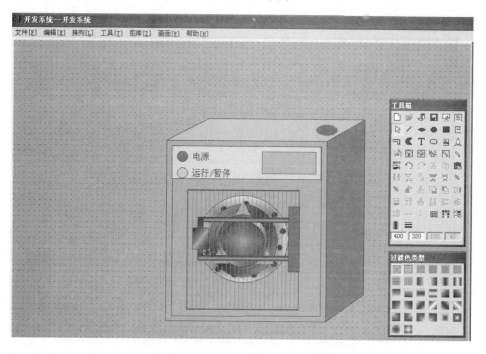

图 13-7　其他细节绘制

⑦ 用立体管道 ⌐⌐ 工具绘制上水、排水管道，如图 13-8 所示。

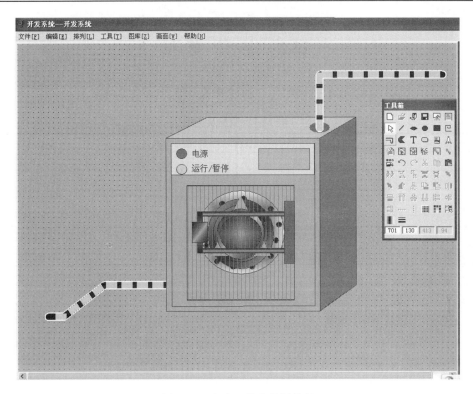

图 13-8　上水、排水管道绘制

⑧ 从工具箱中选择合适的按钮，并放置在左上角位置，用文本工具给每个按钮添加对应的文字，如图 13-9 所示。

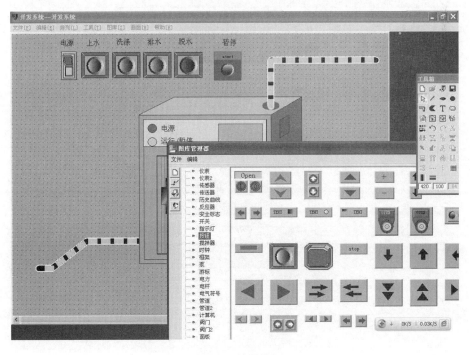

图 13-9　放置按钮

13.2　定　义　变　量

在"工程浏览器\数据库\数据词典"中新建变量,如表 13-1 所示。

表 13-1　变量及类型

变量名称	变量类型	变量名称	变量类型
电源	内存离散	停止	内存离散
水位	内存整形	复位	内存离散
上水	内存离散	滚筒旋转	内存整形
排水	内存离散	上水效果	内存整形
洗涤正转	内存离散	甩干转动	内存整形
脱水	内存离散	排水效果	内存整形

13.3　动　画　连　接

① 按钮变量连接。双击开关或按钮,打开"开关向导"或"按钮向导"对话框,点击 ⟨?⟩,打开"选择变量名"窗口选择对应的变量,如图 13-10～图 13-12 所示。

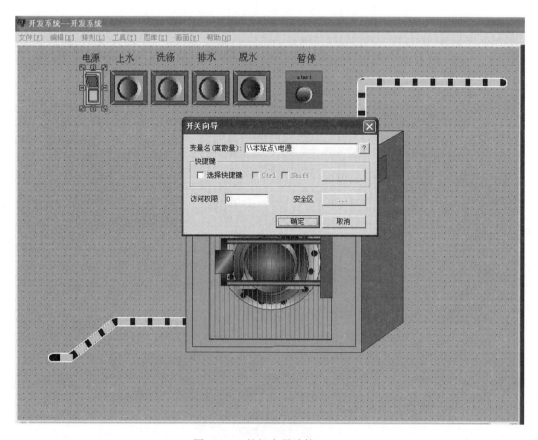

图 13-10　按钮变量连接(1)

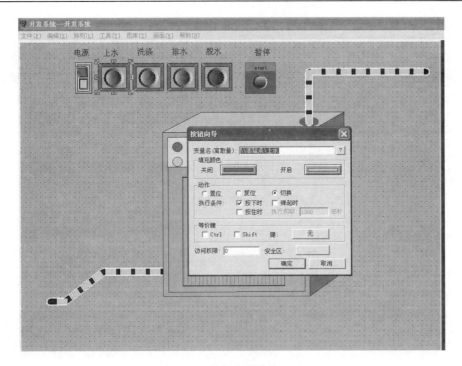

图 13-11　按钮变量连接（2）

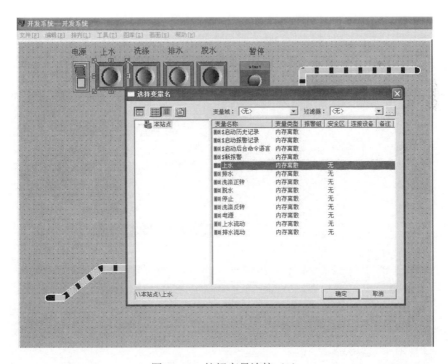

图 13-12　按钮变量连接（3）

② 动画连接。双击代表水箱中水的矩形图素，打开"动画连接"窗口，点选"缩放"按钮，打开"缩放连接"对话框，点击 ?，选择对应的变量，这里是"水位"，其他数据为默认值，如图 13-13 所示。

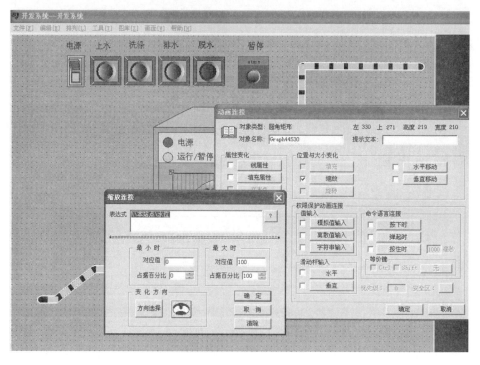

图 13-13　水箱动画连接

双击上水管道，打开"动画连接"窗口，点选"流动"按钮，打开"管道流动连接"对话框，点击 [?]，选择对应的变量。这是"上水效果"。对"下水管道"进行同样的动画连接，连接变量是"下水效果"。如图 13-14 所示。

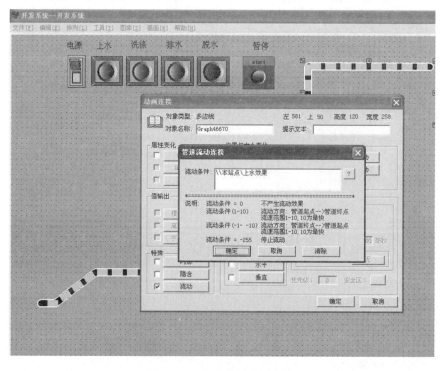

图 13-14　上水效果动画连接

③ 对"滚筒"和"甩干桶"做"旋转"连接,变量名分别是"滚筒旋转"和"甩干转动",如图 13-15 所示。

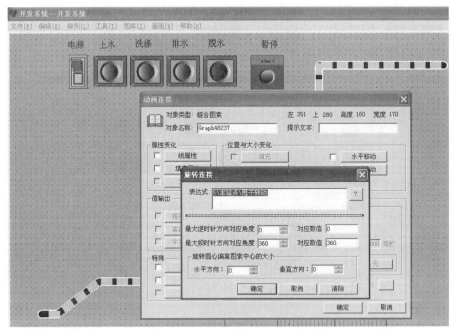

图 13-15　甩干转动效果动画连接

④ 对电源指示灯(红色)进行"隐含"效果的动画连接。选择对应的变量,并完成隐含表达式"\\本站点\电源==1",点选表达式为真时则显示。这样当电源打开时,浅红色按钮显示,模拟点亮效果,当电源关闭时,鲜红色按钮消失,露出下面的深红色按钮,模拟熄灯效果。对运行指示灯(绿色)进行同样的动画连接,如图 13-16 所示。

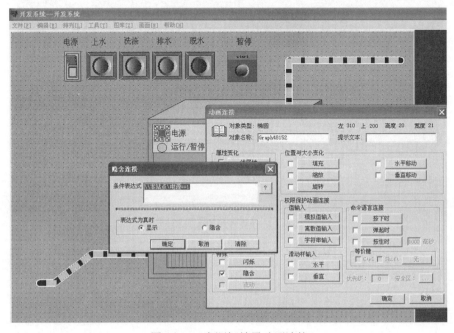

图 13-16　电源灯效果动画连接

13.4 命令语言

画面上点鼠标右键，选择"画面属性"，如图 13-17 所示，点击"命令语言"，打开"画面命令语言"窗口，如图 13-18 所示。

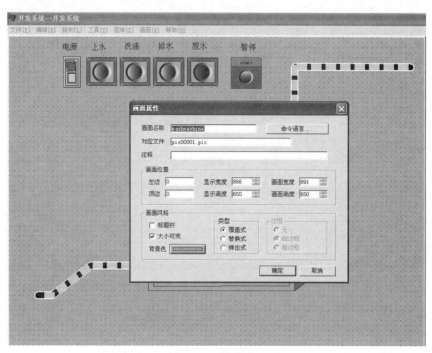

图 13-17 "画面属性"对话框

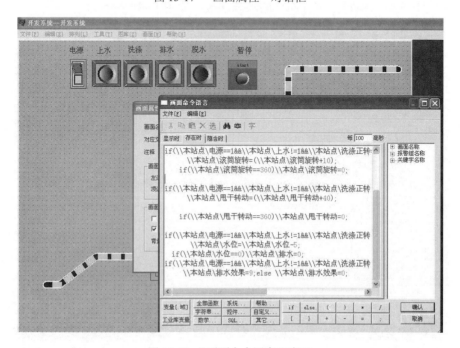

图 13-18 "画面命令语言"窗口

参考程序：

```
/*上水效果控制*/
if(\\本站点\电源==1&&\\本站点\上水==1&&\\本站点\洗涤正转!=1&&\\本站点
\排水!=1&&\\本站点\脱水!=1&&\\本站点\停止!=1)
    {  \\本站点\水位=\\本站点\水位+5;
      \\本站点\上水效果=-9;}else \\本站点\上水效果=0;
/*上水到位后上水按钮自动复位*/
if(\\本站点\水位==100)\\本站点\上水=0;

/*滚筒旋转效果控制*/
if(\\本站点\电源==1&&\\本站点\上水!=1&&\\本站点\洗涤正转==1&&\\本站点
\排水!=1&&\\本站点\脱水!=1&&\\本站点\停止!=1)
      \\本站点\滚筒旋转=(\\本站点\滚筒旋转+10);
  if(\\本站点\滚筒旋转==360)\\本站点\滚筒旋转=0;

/*甩干旋转效果控制*/
if(\\本站点\电源==1&&\\本站点\上水!=1&&\\本站点\洗涤正转!=1&&\\本站点
\排水!=1&&\\本站点\脱水==1&&\\本站点\停止!=1)
      \\本站点\甩干转动=(\\本站点\甩干转动+40);

  if(\\本站点\甩干转动==360)\\本站点\甩干转动=0;

/*排水效果控制*/
if(\\本站点\电源==1&&\\本站点\上水!=1&&\\本站点\洗涤正转!=1&&\\本站点
\排水==1&&\\本站点\脱水!=1&&\\本站点\停止!=1)
      \\本站点\水位=\\本站点\水位-5;
  if(\\本站点\水位==0)\\本站点\排水=0;
  if(\\本站点\电源==1&&\\本站点\上水!=1&&\\本站点\洗涤正转!=1&&(\\本
站点\排水==1||\\本站点\脱水==1))
    \\本站点\排水效果=9;else \\本站点\排水效果=0
```

第3篇 力控组态监控软件

第14章 力控组态监控软件概述

14.1 力控组态软件概述

力控 PCAuto 是北京三维力控科技有限公司"管控一体化解决之道"产品线的总称，由监控组态软件、"软"控制策略软件、实时数据库及其管理系统、Web 门户工具等产品组成。所有力控产品不是孤立的，其全部都是应用规模可以自由伸缩的体系结构，整个力控 PCAuto 系统及其各个产品都是由一些组件程序按照一定的方式组合而成的。在力控 PCAuto 中，实时数据库 RTDB 是全部产品数据的核心，分布式网络应用是力控 PCAuto 的最大特点。在力控 PCAuto 中，所有应用（例如趋势、报警等）对远程数据的引用方法都和引用本地数据完全相同，这是力控 PCAuto 分布式特点的主要表现。力控监控组态软件在石油、石化、化工、国防、铁路（含城铁或地铁）、冶金、煤矿、电力、制药、电信、能源管理、水利、公路交通（含隧道）、机电制造等行业均有成功的应用。

力控产品的结构特点如下。

（1）力控组态文件的存放

力控 PCAuto 组态生成的文件存放路径说明如下。

应用路径\doc：存放画面组态数据。

应用路径\logic：存放控制策略组态数据。

应用路径\http：存放要在 Web 上发布的画面及有关数据。

应用路径\sql：存放组态的 SQL 连接信息。

应用路径\recipe：存放配方组态数据。

应用路径\sys：存放所有脚本动作、中间变量、系统配置信息。

应用路径\db：存放数据库组态信息，包括点名列表、报警和趋势的组态信息、数据连接信息等。

应用路径\menu：存放自定义菜单组态数据。

应用路径\bmp：存放应用中使用的 BMP、JPG、GIF 等图片。

应用路径\db\dat：存放历史数据文件。

（2）软件构成

力控软件包括工程管理器、人机界面 VIEW、实时数据库 DB、I/O 驱动程序、控制策略生成器以及各种网络服务组件等，它们可以构成网络系统。力控监控组态软件是对现场生产数据进行采集与过程控制的专用软件，最大的特点是能以灵活多样的"组态方式"而不是编程方式来进行系统集成，它提供了良好的用户开发界面和简捷的工程实现方法，只要将其预设置的各种软件模块进行简单的"组态"，便可以非常容易地实现和完成监控层的各项功能，缩短了自动化工程师的系统集成的时间，大大提高了集成效率。

力控监控组态软件是自动控制系统监控层一级的软件平台，它能同时和国内外各种工业控制厂家的设备进行网络通信，可以与高可靠的工控计算机和网络系统结合，可以达到集中管理和监控的目的，同时还可以方便地向控制层和管理层提供软、硬件的全部接口来实现与"第三方"的软、硬件系统进行集成。

其主要的组件说明如下。

工程管理器（Project Manager）　工程管理器用于创建工程，工程管理等用于创建、删除、备份、恢复、选择当前工程等。

开发系统（Draw）　开发系统是一个集成环境，可以创建工程画面，配置各种系统参数，启动力控其他程序组件等。

界面运行系统（View）　界面运行系统用来运行由开发系统创建的画面、脚本、动画连接等工程，操作人员通过它来完成监控。

实时数据库（DB）　实时数据库是力控软件系统的数据处理核心，是构建分布式应用系统的基础。它负责实时数据处理、历史数据存储、统计数据处理、报警处理、数据服务请求处理等。

I/O 驱动程序（I/O Server）　I/O 驱动程序负责力控软件与控制设备的通信。它将 I/O 设备寄存器中的数据读出后，传送到力控软件的数据库，然后在界面运行系统的画面上动态显示。

网络通信程序（NetClient/NetServer）　网络通信程序采用 TCP/IP 通信协议，可利用 Intranet/Internet 实现不同网络节点上力控软件之间的数据通信。

通信程序（Port Server）　通信程序支持串口、电台、拨号、移动网络通信。通过力控软件，在两台计算机之间使用 RS-232C 接口，可实现一对一（1∶1 方式）的通信。如果使用 RS-485 总线，还可实现一对多台计算机（1∶N 方式）的通信，同时也可以通过电台、Modem、移动网络的方式进行通信。

Web 服务器程序（Web Server）　Web 服务器程序可为处在世界各地的远程用户实现在台式机或便携机上用标准浏览器实时监控现场生产过程提供方便。

控制策略生成器（Strategy Builder）　控制策略生成器是面向控制的新一代软件逻辑自动化控制软件，采用符合 IEC1131-3 标准的图形化编程方式，提供包括变量、数学运算、逻辑功能、程序控制、常规功能、控制回路、数字点处理等在内的十几类基本运算块，内置常规 PID、比值控制、开关控制、斜坡控制等丰富的控制算法，同时提供开放的算法接口，可以嵌入用户自己的控制程序。控制策略生成器与力控的其他程序组件可以无缝连接。

14.2　力控开发、运行系统

力控开发、运行系统具有以下特点。

① 力控开发、运行系统支持 Windows 98/NT/2000/XP 等操作系统。

② 采用面向对象的设计、集成化的开发环境。

③ 开发系统采用更多的组件和控件来方便用户构成强大的系统，丰富的函数和设备驱动程序使集成更容易。

④ 增强的过渡色与渐进色功能，从根本上解决了很多同类软件在过多使用过渡色、渐进色时，严重影响画面刷新速度和系统运行效率的问题。

⑤ 优化设计的工具箱和调色板，在颜色选择时更直观、方便；开发更灵活、更多的矢量子图，制作工程画面更快捷。

⑥ 提供面向对象编程方式，内置间接变量、中间变量、数据库变量，支持自定义函数，支持大画面和自定义菜单。

⑦ 脚本类型和触发方式多样，支持数组运算和循环。

⑧ 支持一机多屏，组建多画面时不需要多屏卡。

（1）内部组件及控件

① 视频组件：进行视频的捕捉和回放。

② 温控曲线组件：可以进行温度的自动升温和保温控制。

③ 浏览器组件：可以作为标准的浏览器客户端。

④ 标准 Windows 组件：支持标准的文本框、单选框、列表框等组件。

⑤ 增强的报警组件：集成的报警管理和查询。

⑥ X-Y 曲线组件：可以自由地进行曲线分析和查询。

⑦ 幻灯片组件：灵活的幻灯片播放，可进行自由控制。

⑧ 自由曲线组件：方便地绘制各种曲线和动画连接。

⑨ 万能报表组件：类 Excel 的报表工具，方便用户完成管理报表。

⑩ 立体棒图组件：直方图的分析工具。

⑪ 历史追忆组件：可以追忆带毫秒标签的数据，方便事故查询。

⑫ 手机短信组件：简单的手机短信发送组件。

（2）报表组件

① 历史报表　方便快速的历史报表生成工具，能进行日报、月报、季报、年报的生成，对数据存储的时间范围、间隔、起始时间可任意指定，并可以根据存储的时间进行查询历史数据，组态时在力控的绘画菜单内进行历史报表的选取。

② 内嵌多功能万能报表　灵活的报表生成方式，可以任意设置报表格式，实现各种运算、数据转换、统计分析、报表打印等。既可以制作实时报表，也可以制作历史报表。可以在报表上同时显示实时数据和任意时刻的历史数据，并加以统计处理，例如取行平均、列平均，统计出最大、最小值。内嵌多功能报表提供了相应的报表函数，可以制作各种报表模板，实现多次使用，以免重复工作，组态时在力控的子图内。

③ 内置数据表　内置数据表是总结关系数据库的特点开发出的内置实时关系数据表。利用报表模板，可以将力控实时数据库的变量和报表字段进行任意绑定，可以对任意的数据进行插入、删除、遍历、存盘。内置的报表过滤器可以任意设定不同情况下的查询条件，根据查询条件对所查出的记录进行选取来参与数据处理。

（3）图库

力控集成化的开发环境、增强的图形功能、丰富的图形元素及超级子图精灵图库集，提供子图精灵开发工具，使用户可以方便地生成自己的图库。力控优化设计的图库提供了丰富的子图和"子图精灵"，任意拖拽不变形，使用户的工程画面精益求精。

（4）动作脚本

动作脚本类型和触发方式多样，具备自定义函数功能，支持数组运算和循环控制。内置多种打印函数，可根据画面的大小任意设置打印范围。

（5）自定义运行菜单

力控支持用户自定义菜单，其中包括窗口弹出式菜单和定义在各个图形对象上的右键菜单。配合脚本程序与自定义菜单，可以实现更为灵活与复杂的人机交互过程。

（6）系统安全性

力控提供了完备的安全保护机制，以保证生产过程的安全可靠。力控的用户管理将用户分为操作工、班长、工程师、系统管理员等多个级别，并可根据级别限制对重要工艺参数的修改，以有效避免生产过程中的误操作。

（7）报警和事件记录

力控在运行时自动记录系统状态变化、操作过程等重要事件。一旦发生事故，可以此作为分析事故原因的依据，为实现事故追忆，提供基础资料。

（8）多国语言的支持

力控同时具有英文版、繁体/简体中文版。

14.3　实时数据库

实时数据库 RTDB 是力控监控软件的数据服务器。RTDB 作为单独的进程，是整个监控系统的核心，不但负责处理 I/O 服务器采集的实时数据，同时也作为网络数据服务的核心，充当历史数据服务器、报警数据服务器、时钟服务器等，供网络其他的 HMI、数据库等客户端来访问。

实时数据库与监控界面是分离的结构，适合大批量现场数据的海量采集和高速历史数据的存储、查询，同时保证了监控系统的最大稳定性。

实时数据库支持多层次网络冗余，支持报警、历史数据和网络时钟的同步。在双机冗余基础上，其他网络节点自动跟踪冗余服务器主、从机的切换。各个力控网络节点不仅可以监视，还能够进行控制和互操作。

实时数据库可以作为标准的 OPC、DDEserver 供远程客户访问。

网络上的各个力控主站之间，可以通过串口、以太网、拨号、电台、GPRS、CDMA 等方式互联来完成监控。主站之间的历史数据支持远程的备份和插入。

实时数据库的历史数据可以根据触发条件导出到关系数据库内，支持 ODBC、OLE DB 等方式和关系数据库进行通信。

实时数据库基本功能如下。

① 数据采用"点"结构进行管理。

- 点是很多监控参数的"集合"，方便组态引用。
- 对现场数据进行输入处理，包括量程转换、非线性数据处理、开方、累计等。
- 对现场发生的报警进行检查和处理，具备死区、偏差等多种报警检查方式。
- 完成对实时数据进行历史数据存储，建立检索、索引等功能。
- 可以完成常规运算，如算术运算、流量累积、温压补偿、自定义算法等。
- 具备 PID 调节控制功能，有位置式、增量式、微分先行等多种算法。
- 内部点可以互相引用，完成内部/外部数据连接。

- 数据采用数据变化传输，可以执行触发事件。
- 对批量数据进行区域管理。
- 可以采集程序监控，方便调试通信。

② 数据库扩展组件、关系数据库双向转储组件：完成现场数据到管理系统如 SQL Server 等关系数据库的数据传输。

③ GSM 短信管理组件：通过数据库，能够针对不同级别的用户发送不同的报警短信等。

④ 数据服务组件：支持通过串口、网络、Modem、电台、GPRS 等方式，将现场数据转发到上一级网络。

⑤ NETSERVER 组件：专用的网络数据服务器组件，构成分布式应用的核心。

⑥ DBCOM 控件：标准的 Activex 控件，允许第三方开发工具通过网络访问来访问数据。

⑦ "软" PLC 组件：构筑 PC 控制的灵魂，是控制工程师的好工具。

⑧ OPC/DDE SERVER：标准的数据服务器。

14.4　设备通信程序

力控设备通信程序可以和人机操作界面分离，充当通信管理服务器。

串口通信支持 RS-232、RS-422、RS-485 与多串口设备，支持无线电台、电话轮巡拨号等方式。

以太网设备驱动，同时支持有线以太网和无线以太网。

所有设备驱动均支持 GPRS、CDMA、GSM 网络。

可以动态打开、关闭设备，并具备自动恢复功能。

可以采集带时间戳的数据，实现历史数据向实时数据库的回插功能。

可以采集记录仪、录波器数据，完成事件监视。通过 DDE、OPC 方式进行采集；毫秒级的数据采集速率，可以采集故障录波数据。

支持 DCS、PLC、现场总线、仪表、板卡、模块等工控设备的通信。

14.5　WWW 服务器

（1）Web 页面与过程画面的高度同步

力控实现了服务器端与客户端画面的高度同步。用力控 HMI/SCADA 组态软件创建的过程画面，用 HMI/SCADA 组态软件直接浏览的效果，与在客户端用浏览器上看到的图形效果完全相同。

（2）快速的数据更新

pWebView 采用 COM/DCOM 技术实现底层数据通信。数据采用变化传输的方式，提高了数据传输效率。与其他采用 JAVA 虚拟机进行通信的方式相比，由于减少了解释运行的环节，因而具有更快的运行与数据更新速度。

（3）多文档和动态画面

力控采用独到的多文档技术，在客户端的浏览器上可以同时浏览多个过程画面。

（4）企业级 Web 服务器

力控是一个企业级的 Web 服务器，具备高容量的数据吞吐能力和良好的鲁棒性。力控的 Web 介于现场监控层和 Internet/Intranet 之间，通过 Web 服务器管理所有的访问请求，因此不会由于多个用户请求访问而影响整个 SCADA 系统的功能，保证系统的可靠平稳运行。支持多达 500 个客户端的同时访问。

（5）完全的客户端

在客户端只需要 Microsoft Internet Explorer 5.0 或以上版本的浏览器，就可以对现场的各种事务进行浏览、控制。无需购买其他软件或增加软件成本。

（6）完善的安全机制

pWebView 提供完善的安全管理机制，只有授权的用户才能修改过程参数。使用 pWebView 时，管理员尽可安心，不必担心非法或未授权的修改。

（7）开放性

易于集成、开放的 Web 控件可以使用 ASP 等快速门户开发工具进行集成。pWebView 使用简便，只需在服务器上进行前期的组态和后期的维护，在客户端无需任何工作，大大地减少了系统开发和维护的工作量。pWebView 易于扩展，可以有效地控制系统预算开支。

第 15 章　力控组态监控软件的安装

（1）硬件要求

- CPU：奔腾 500 以上。
- 内存：最少 64MB。
- 显示器：VGA、SVGA 以及支持桌面操作系统的图形适配器，显示 256 色以上。
- 鼠标：PC 兼容鼠标。
- 通信：RS-232。
- 并行口：力控的加密锁。

说明　目前市面上流行的机型完全满足力控组态监控软件的运行要求。

（2）软件要求

运行的操作系统：Windows 2000/Windows NT4.0(补丁 6)/ Windows XP

15.1　安装硬件加密锁

力控组态软件在长时间运行时，需要一个硬件加密锁。加密锁包括并口硬件加密锁和 USB 口硬件加密锁、并口硬件加密。力控支持 Windows 操作系统上的并口硬件加密锁的安装。

安装并口硬件加密锁步骤如下。

① 在安装加密锁前，应关闭计算机电源和外围设备。

② 拔掉计算机并口上的所有连接。

③ 加密锁安全地插入并口并拧紧螺钉。

④ 如果有其他设备与并口连接，将其接到加密锁的背后。

⑤ USB 硬件口加密锁。

力控支持 Windows 操作系统下 USB 口硬件加密锁（注：Windows98 需要首先安装 USB 口的驱动）。

说明　当没有加密锁时，力控组态软件也可以开发和运行，但有如下限制：

- 数据库支持 32 点；
- 内置编程语言；
- 运行系统在线运行时间是 2 小时；
- 支持选择的通讯驱动程序。

15.2　力控组态软件的安装

力控组态软件存于光盘中，光盘中的安装程序 setup.exe 程序会自动运行，启动力控的安装向导。

　　力控组态软件的安装步骤如下（**注意**：以下的安装过程是在 Windows2000 下进行的，其他 Windows98、NT、XP 的安装过程与此相同）。

　　① 启动计算机。

　　② 将力控组态软件的光盘放到计算机的光驱中，系统会自动启动 setup.exe 安装程序，如图 15-1 所示。

图 15-1　力控组态监控软件安装界面

　　注意　也可运行光盘中的 setup.exe 启动安装程序。

　　在此安装界面中，其它版本包括控制策略版、网络版、I/O 驱动程序、加密锁驱动安装、实战技术宝典、退出安装。作用如下。

- 通用版：安装力控通用版的程序。
- 控制策略版：安装力控控制策略版的程序（首先要安装通用版）。
- 网络版：安装力控网络版的程序（首先要安装通用版）。
- I/O 驱动程序：安装力控 I/O 驱动程序（首先要安装通用版）。
- 加密锁驱动安装：USB 口加密锁的驱动。
- 实战技术宝典：阅读力控安装盘中提供的有价值的技术资料。
- 退出安装：退出力控的安装程序。

　　③ 开始安装力控组态软件。

　　点击"安装力控 ForceControl"按钮，将自动安装力控组态软件的通用版到计算机的硬盘。首先弹出如图 15-2 所示对话框。

　　点击"下一步"按钮，弹出"许可证协议"对话框，如图 15-3 所示。

　　用户阅读后，如果同意"协议"中的条款，点击"是"将继续安装，如果不同意，则点击"否"将退出安装。点击"上一步"按钮，返回上一个对话框。

　　点击"是"按钮，弹出"客户信息"对话框，如图 15-4 所示。

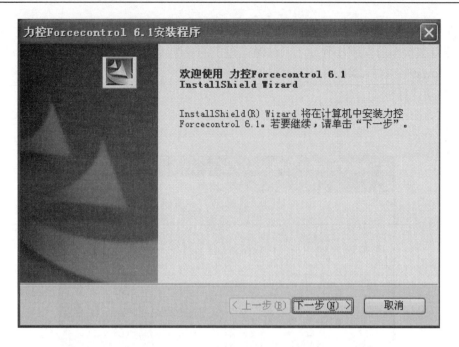

图 15-2　欢迎安装界面

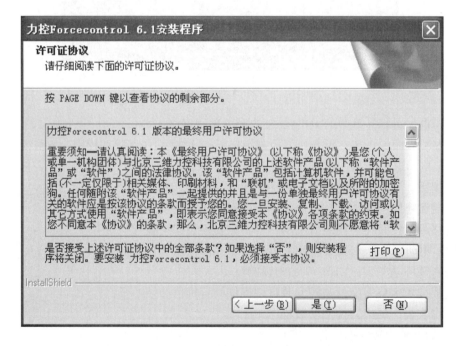

图 15-3　"许可证协议"界面

　　输入"用户名"和"公司名称",点击"上一步"返回上一个对话框,点击"取消"则退出安装程序,点击"下一步",进入程序安装阶段,如图 15-5 所示。

　　选择力控软件的安装路径,默认路径为"C:\Program Files\PCAuto6"。若想要安装到其他

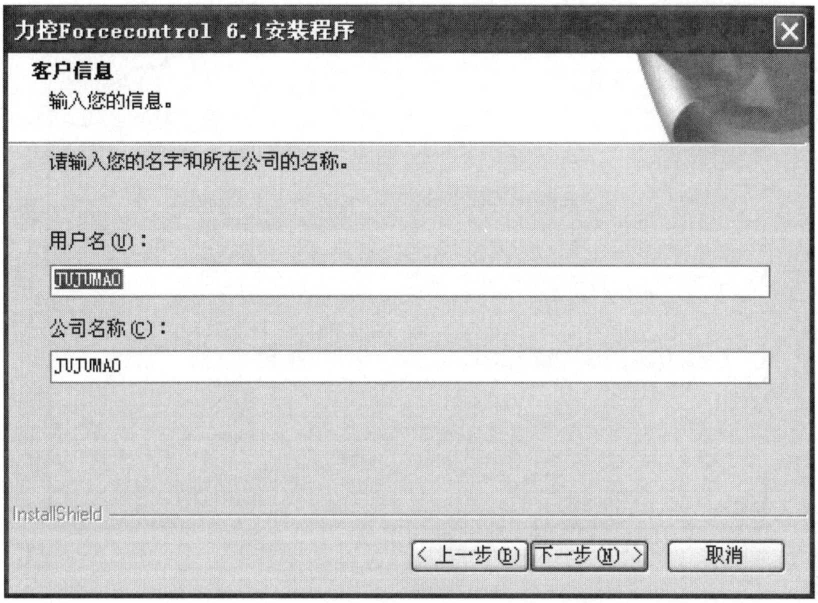

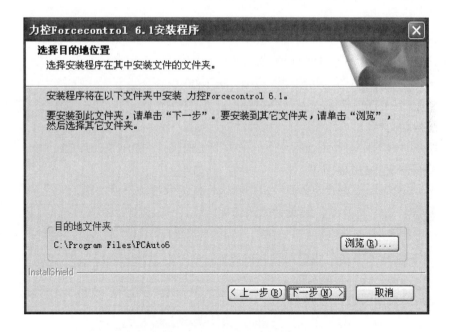

图 15-4　"客户信息"对话框

图 15-5　用户安装路径选择界面

目录下，点击"浏览"按钮，弹出对话框，在对话框的"路径"中输入新的安装目录，如
"D:\Program Files\PCAuto"，输入正确后点击"确定"，弹出"安装类型"对话框，如图 15-6
所示。

安装类型有三种：典型、压缩、自定义。

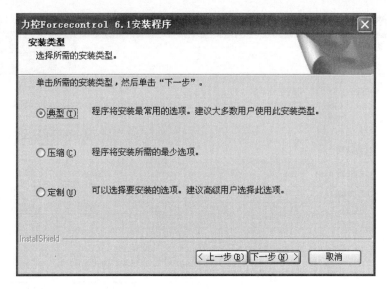

图 15-6 "安装类型"对话框

① 典型 安装的内容有以下几种。
- 力控的系统文件,包括力控的组态环境和运行环境。
- 力控的示例工程:

  Demo1 演示工程分辨率 1024×768。

  Demo2 演示工程分辨率 800×600。

  DemoApp\Example 演示工程分辨率 800×600。
- 通用驱动:DDE 通信驱动,OPC 通信驱动,力控仿真仪表驱动,力控仿真 PLC 驱动。
- 力控帮助文档。
- 力控实时数据库与关系数据库之间数据读取的组件 ODBCROUTER。
- 力控组态软件的卸载组件。

② 压缩 这种安装类型安装力控组态和运行所需的最少组件选项。

③ 自定义 安装用户自己要求安装的组件。

选择好安装类型后,单击"下一步",弹出"创建程序组"对话框。此对话框确认力控"PCAuto"系统的程序组名,也可选择其他名称。

单击"下一步"开始安装力控。

程序安装结束如图 15-7 所示。
- 选择"是",再点击"完成"按钮,将重新启动计算机。
- 选择"否",再点击"完成"按钮,将不重新启动计算机。

点击"完成"按钮,完成此安装。

点击"控制策略版"按钮,将开始安装力控的控制策略版,安装过程与"通用版"相同。**注意**:"控制策略版"的安装要在"通用版"安装完的基础上进行。

点击"网络版"按钮,将开始安装力控的网络版,安装过程与"通用版"相同。**注意**:"网络版"的安装要在"通用版"安装完的基础上进行。

点击"I/O 驱动程序"按钮,将开始安装力控的 I/O 驱动程序,安装过程与"通用版"

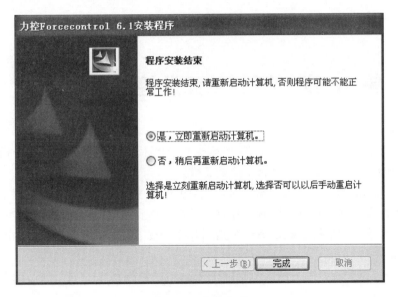

图 15-7　安装完成

相同。**注意**："I/O 驱动程序"的安装要在"通用版"安装完的基础上进行。

加密锁驱动安装：当使用 USB 口加密锁时，安装此驱动。

实战技术宝典：点击此按钮，可以浏览力控光盘中有价值的技术资料，如图 15-8 所示。

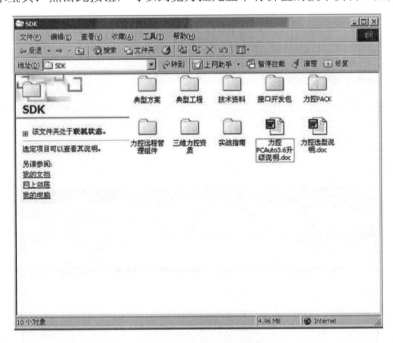

图 15-8　力控技术资料

安装力控软件时首先注意要先安装通用版。安装过程中如果 I/O 驱动没有安装，软件在使用时会导致部分本可以与该软件连接的 PLC 或者其他设备不能使用。

第16章　下料单元监控工程的建立

控制要求

下料单元组态监控工艺设备包括两个按钮（一个启动、一个停止）、两个指示灯、一个可以水平移动的托盘、一个可以垂直下降的工件。

PLC 的逻辑算法为：启动按钮按下时，托盘开始水平移动，工件开始垂直下降，工作指示灯亮。当工件垂直下降到下料口时，托盘正好水平移到该位置，从而可以带着工件继续水平移动。当工件下降到下料口时，另一个指示灯亮。按下停止按钮时，所有的动作停止。

工程目标

① 创建一幅工艺流程图，图中包括两个按钮（一个启动、一个停止）、两个指示灯、一个托盘、一个工件。

② 两个指示灯根据开关状态而变色，真时为绿色，假时为红色。

③ 创建实时数据库，并与 SIMULATOR 进行数据连接，完成一幅工艺流程图的动态数据及动态棒图显示。

④ 用两个按钮实现启动和停止 PLC 程序。

16.1　下料单元监控工程的建立

16.1.1　下料单元组态监控工程的建立

在力控中建立新工程时，首先通过力控的"工程管理器"指定工程的名称和工作的路径，不同的工程一定要放在不同的路径下。

（1）打开力控组态监控软件

如图 16-1 所示。

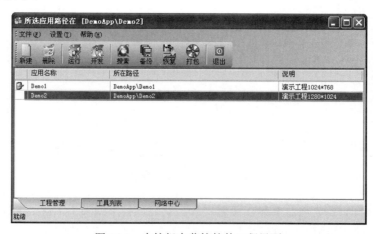

图 16-1　力控组态监控软件工程界面

（2）新建工程

按"新建"按钮，出现如图 16-2 所示对话框。

图 16-2　"新建工程"对话框

- 项目名称：新建的工程的名称。
- 生成路径：新建工程的路径，默认路径为：C:\Program Files\PCAuto。
- 描述信息：对新建工程的描述文字。

点击"确定"按钮，此时在工程管理器中可以看到添加了一个名为"3.21"的工程，然后再点击"开发"按钮，进入力控的组态界面。

（3）创建组态界面

进入力控的开发系统后，可以为每个工程建立无限数目的画面，在每个画面上可以组态相互关联的静态或动态图形。这些画面是由力控开发系统提供的丰富的图形对象组成的。开发系统提供了文本、直线、矩形、圆角矩形、圆形、多边形等基本图形对象，提供了增强型按钮、实时/历史趋势曲线、实时/历史报警、实时/历史报表等组件。开发系统还提供了在工程窗口中复制、删除、对齐、成组等编辑操作，提供对图形对象的颜色、线型、填充等属性的操作工具。

力控开发系统提供的上述多种工具和图形，方便用户在组态工程时建立丰富的图形界面。

在这个工程中，简单的图形画面建立步骤如下。

第一步　创建新画面。

进入开发环境（Draw）后，首先需要创建一个新窗口。选择"窗口"，点击右键，然后点击"新建窗口"，出现对话框，在"窗口名字"处填写创建的窗口名字，例如"下料单元1"，然后点击"确定"即可（图 16-3）。

输入流程图画面的标题名称，命名为"下料单元监控界面"。点击按钮"背景色"，出现调色板，选择其中的一种颜色作为窗口背景色。其他的选项可以使用默认设置。最后单击"确认"按钮，退出对话框。只有将窗口存盘后，才可以在工程树里见到该窗口名称。

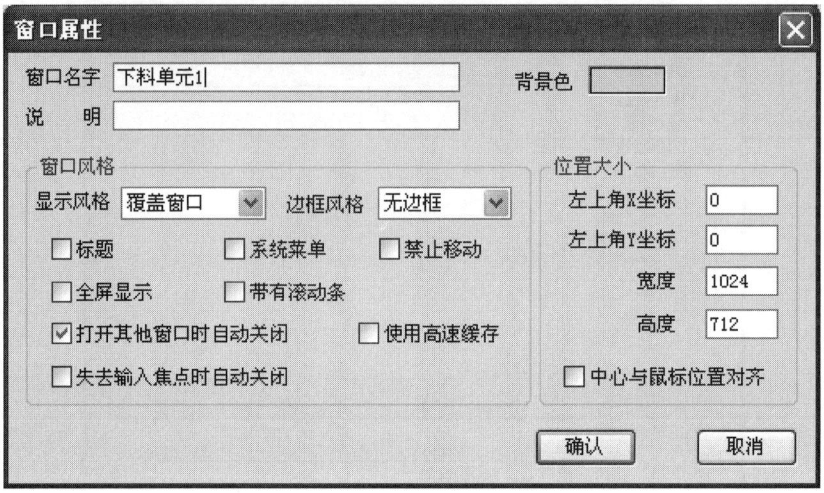

图 16-3　建立窗口

第二步　创建图形对象。

在屏幕上有了一个窗口，还应看见开发环境的工具箱。如果想要显示网格，单击工具栏中的图标▦。

首先，需要在窗口上画如图 16-4 所示画面。

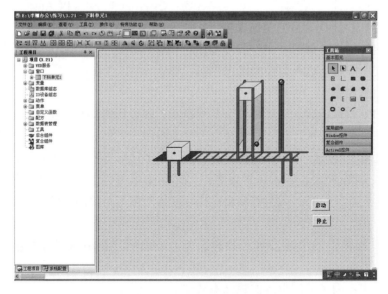

图 16-4　下料单元监控窗口

具体画法　从工具箱的基本图元中选择工具，按照网格线去画。传送带可以用工具箱中的立体管道，通过设定管道属性确定其粗细，然后通过属性中的颜色显示来选用颜色。指示灯选用的是本软件自带的图库中的选件，点击工具栏中的选择图库图标▦，选择报警灯，出现如图 16-5 所示界面，选择合适的灯放置在画面中即可。画面中的按钮选择基本图元中的"增强型按钮"，然后点击"属性"，出现如图 16-6 所示界面，在新字符处输入"启动"，一个启动按钮就完成了。

用同样的办法做一个停止按钮。

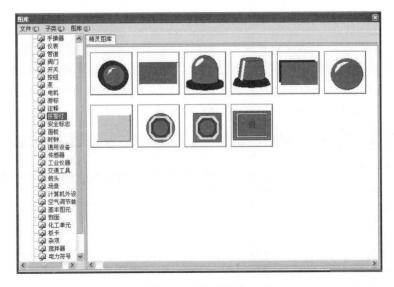

图 16-5　图库选项窗口

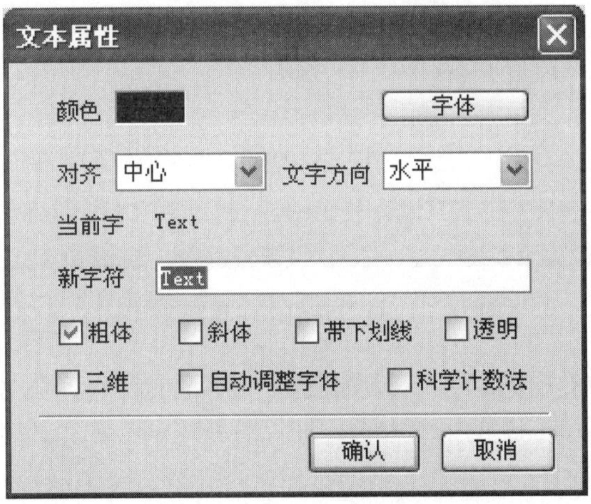

图 16-6　按钮属性窗口

　　这时，已经完成了"下料单元监控系统"应用程序的图形描述部分的工作。下面还要做几件事，这就是定义 I/O 设备、创建数据库、制作动画连接和设置 I/O 驱动程序。数据库是应用程序的核心，动画连接使图形"活动"起来，I/O 驱动程序完成与硬件测控设备的数据通信。

16.1.2　定义 I/O 设备

　　把需要与力控组态软件之间交换数据的设备或者程序都作为 I/O 设备。I/O 设备包括 DDE、OPC、PLC、UPS、变频器、智能仪表、智能模块、板卡等。这些设备一般通过串口和以太网等方式与上位机交换数据，只有在定义了 I/O 设备后，力控才能通过数据库变量和这些 I/O 设备进行数据交换。在此工程中，I/O 设备使用力控仿真 PLC 与力控软件进行通信。

　　后面要在数据库中定义 4 个点。数据库是从 I/O Server（即 I/O 驱动程序）中获取过程数据的，而数据库同时可以与多个 I/O Server 进行通信，一个 I/O Server 也可以连接一个或多个设备。所以要明确这 4 个点要从哪一个设备获取过程数据时，就需要定义 I/O 设备。

在工程项目窗口点击"I/O 设备组态"，在展开项目中选择厂商名"PLC"并双击使其展开，如果监控的程序界面的信号确实是从 PLC 中采集到的，选择设备的时候根据监控信号采集的 PLC 来选择其公司的名字以及 PLC 的具体型号。本例中采用的是力控仿真，因而公司名称选择力控，进而选择仿真驱动。如图 16-7 所示。

图 16-7　I/O 设备组态仿真器选择窗口

双击"SIMULATOR（仿真）"，出现如图 16-8 所示的窗口。在"设备名称"文本框中输入"plc"。接下来要设置 PLC 的采集参数，即"更新周期"和"超时时间"。在"更新周期"输入框内键入 1000 毫秒。

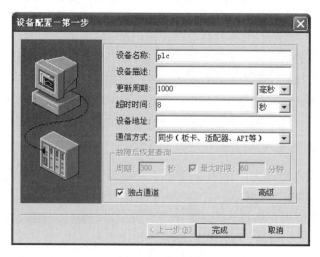

图 16-8　I/O 设备配置窗口

　　提示　一个 I/O 驱动程序可以连接多个同类型的 I/O 设备，每个 I/O 设备中有很多数据项可以与监控系统建立连接，可以对同一个 I/O 设备中的数据要求不同的采集周期，也可以为同一个地址的 I/O 设备定义多个不同的设备名称，使它们具有不同的采集周期。

　　例如，一个大的存储罐液位变化非常缓慢，5～10 秒更新一次就足够了；而管道内压力的更新周期则要求小于 1 秒。这样，可以创建两个 I/O 设备：PLC1SLOW，数据更新周期为 5 秒；PLC1FAST，数据更新周期为 1 秒。

　　单击"完成"按钮返回，在"SIMULATOR(仿真)"项目下面增加了一项"plc"，如图 16-9 所示。

图 16-9　I/O 设备完成窗口

　　如果要对 I/O 设备"plc"的配置进行修改，双击项目"plc"，会再次出现 plc 的"I/O 设备定义"对话框。若要删除 I/O 设备"plc"，用鼠标右键单击项目"plc"，在弹出的右键菜单中选择"删除"。

16.1.3　创建实时数据库

　　数据库（DB）是整个应用系统的核心，构建分布式应用系统的基础，它负责整个力控应用系统的实时数据处理、历史数据存储、统计数据处理、报警信息处理、数据服务请求处理。在数据库中，操纵的对象是点（TAG），实时数据库根据点名字典决定数据库的结构，分配数据库的存储空间。在点名字典中，每个点都包含若干参数。一个点可以包含一些系统预定义的标准点参数，还可包含若干个用户自定义参数。

　　引用点与参数的形式为"点名.参数名"。如"TAG1.DESC"表示点 TAG1 的点描述，"TAG1.PV"表示点 TAG1 的过程值。

　　点类型是实时数据库对具有相同特征的一类点的抽象。数据库预定义了一些标准点类型，利用这些标准点类型创建的点能够满足各种常规的需要。对于较为特殊的应用，可以创建用户自定义点类型。

　　数据库提供的标准点类型有模拟 I/O 点、数字 I/O 点、累计点、控制点、运算点等。不同的点类型完成的功能不同。例如，模拟 I/O 点的输入和输出量为模拟量，可完成输入信号量程变换、小信号切除、报警检查、输出限值等功能；数字 I/O 点输入值为离散量，可对输入信号进行状态检查。

有些类型包含一些相同的基本参数。如模拟 I/O 点和数字 I/O 点均包含下面参数。

- NAME：点名称。
- DESC：点说明信息。
- PV：以工程单位表示的现场测量值。

力控实时数据库根据工业装置的工艺特点，划分为若干区域，每个区域又划分为若干的单元，可以对应实际的生产车间和工段，极大地方便了数据的管理。在总貌画面中可以按区域和单元浏览数据。在报警画面中，可以按区域显示报警。

创建数据库点的步骤如下。

在工程树窗口中双击"数据库组态"项使其展开，在展开项目中双击"模拟 I/O"，然后双击"NAME[点名]"出现界面，按图 16-10 填写并定义变量。

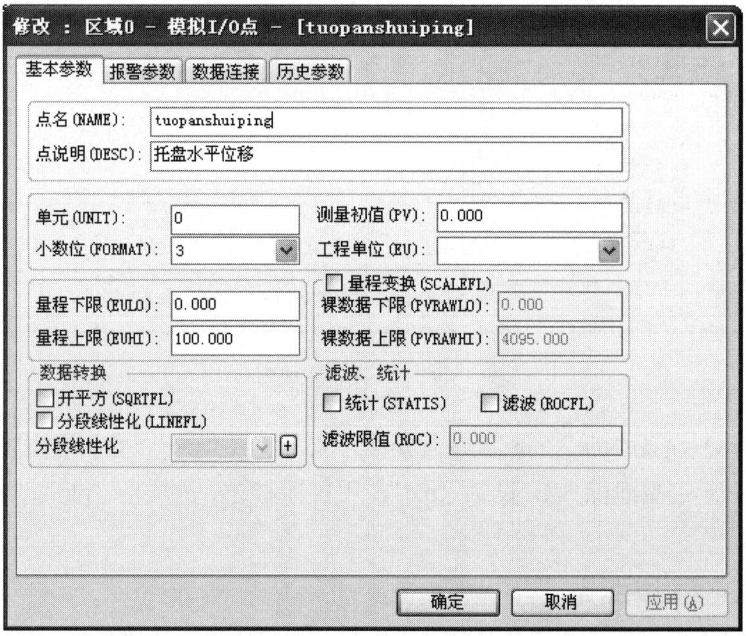

图 16-10 定义"tuopanshuiping"变量

用同样的方法定义如图 16-11 所示的所有模拟 I/O 变量。

用同样的方法定义如图 16-12 所示的所有数字 I/O 变量。

16.1.4 制作动画连接

动画连接是将画面中的图形对象与变量之间建立某种关系。当变量的值发生变化时，在画面上以图形对象的动画效果动态变化方式体现出来。有了变量之后，就可以制作动画连接了。一旦创建了一个图形对象，给它加上动画连接，就相当于赋予它"生命"，使它动起来。

下面以所建的工程为例，说明建立动画连接的步骤。

从"启动按钮"开始定义图形对象的动画连接。

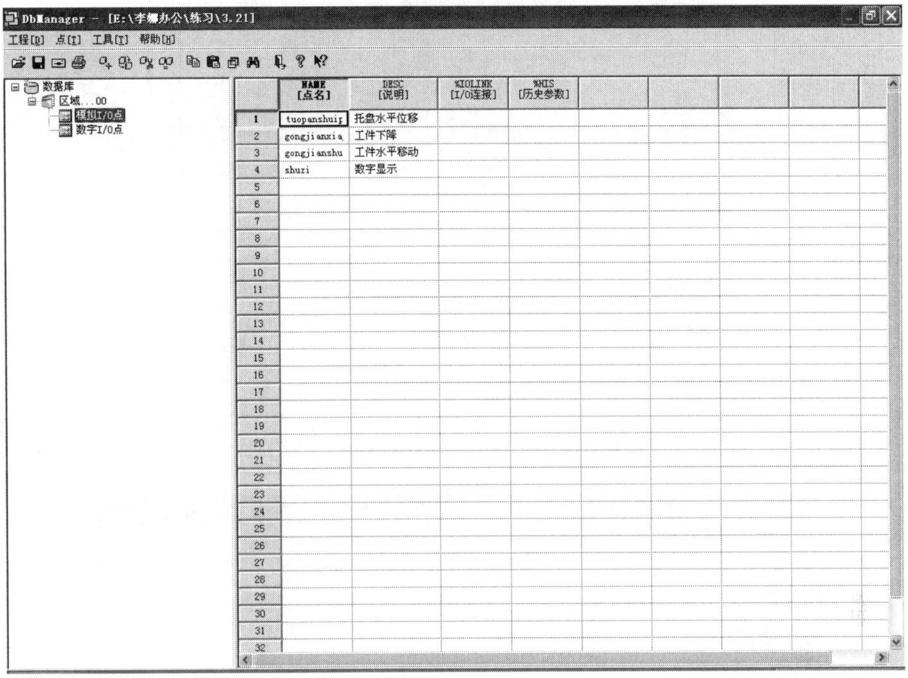

图 16-11　所有模拟量定义完成窗口

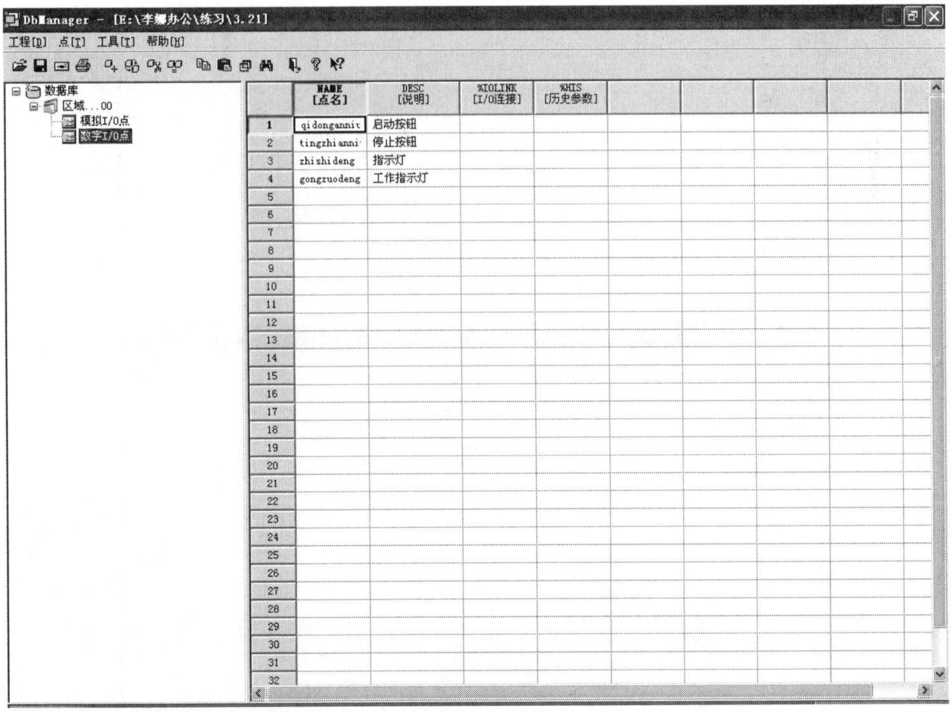

图 16-12　所有数字量定义完成窗口

双击启动按钮对象，出现"动画连接"对话框，如图 16-13 所示。选择"左键动作"，编辑用左键点击启动按钮时的动作程序如图 16-14 所示。

同样的方法设置"停止按钮"的动作程序，如图 16-15 所示。

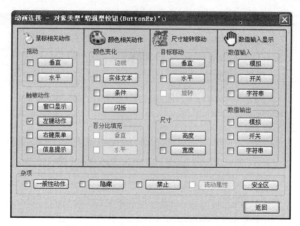

图 16-13　启动按钮动画连接窗口

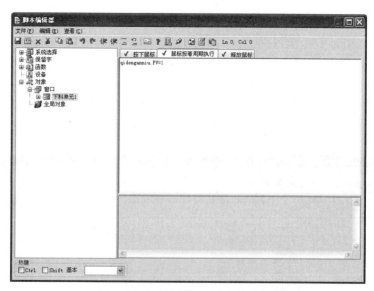

图 16-14　"启动按钮"动画动作程序窗口

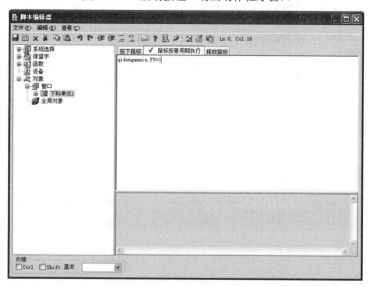

图 16-15　"停止按钮"动画动作程序窗口

　　垂直下降的工件连接动画时，双击画面中的工件，出现如图 16-16 所示画面，选择"垂直"，弹出窗口，按如图 16-17 所示填写。

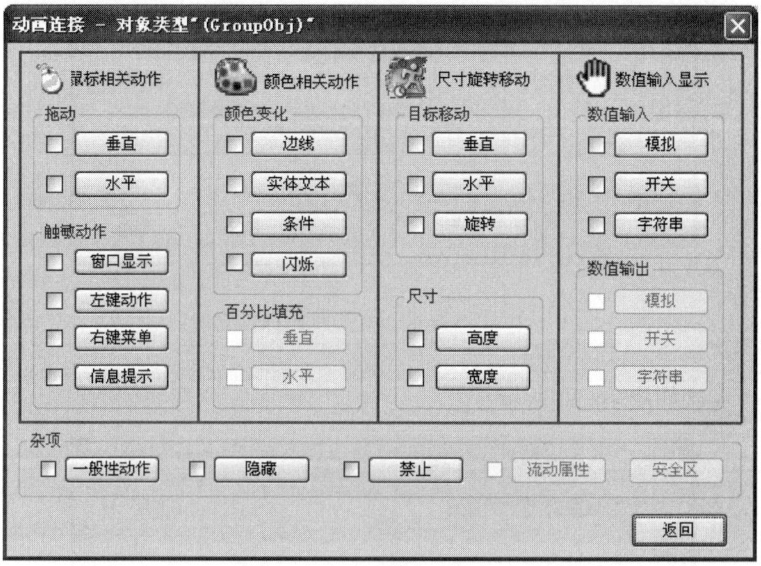

图 16-16　工件下降动画连接窗口

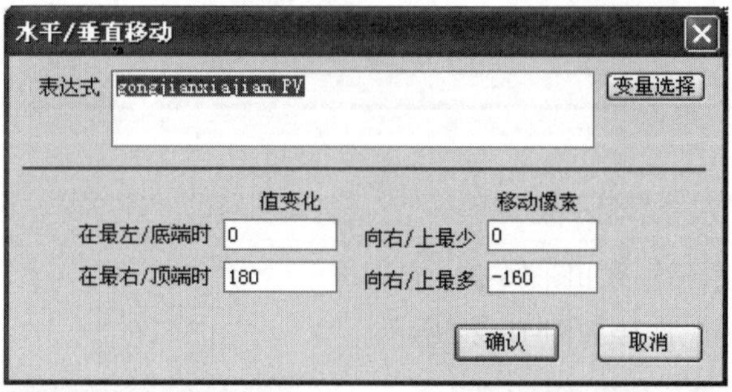

图 16-17　工件下降设置窗口

　　在该工程中，由于工件在下降到下料口时正好托盘到位，监控界面中下一步的动作是与托盘一起水平移动，所以下降的工件在到下料口以后就隐含不见了，其属性在设置的时候要设置隐藏。在图 16-16 中选择隐藏，并按如图 16-18 所示填写。

图 16-18　垂直下降工件隐藏属性设置窗口

　　该工程监控界面中水平移动的工件会在下料口的地方和托盘一起水平移动，在这之前是隐藏的，所以其属性的设置如图 16-19 所示。

图 16-19　水平移动工件隐藏属性设置窗口

　　托盘的动画连接如图 16-20 所示。

图 16-20　托盘动画连接窗口

　　画面中工作灯的动画连接如图 16-21 所示。
　　下料口指示灯的动画连接如图 16-22 所示。

图 16-21　工作灯动画连接窗口　　　　图 16-22　下料口指示灯动画连接窗口

16.1.5　脚本动作

用脚本来完成整个监控工程的动作。

点击工程树窗口的"动作"，双击"应用程序动作"出现窗口。在"进入程序"处添加如图 16-23 所示程序，变量选择点击图标█。

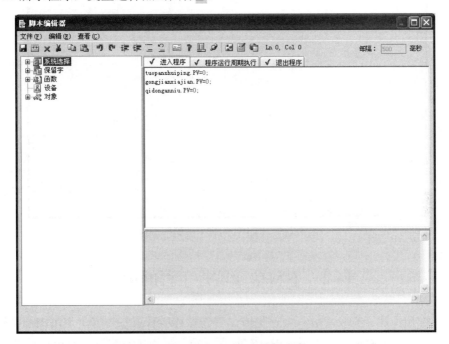

图 16-23　程序进入脚本编辑器窗口

程序运行周期执行脚本编辑器窗口如图 16-24 所示，退出程序脚本编辑器窗口如图 16-25 所示。

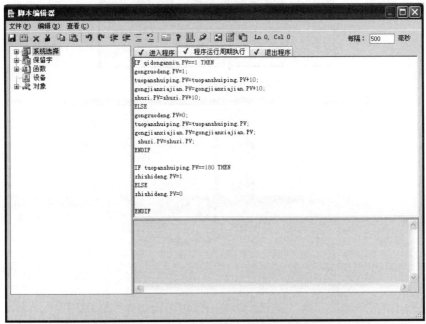

图 16-24　程序运行周期执行脚本编辑器窗口

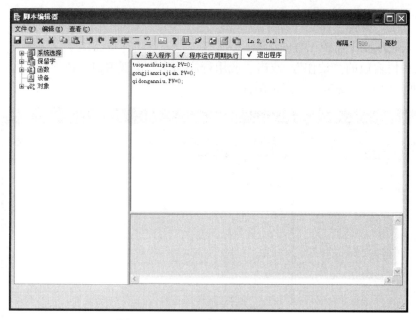

图 16-25　退出程序脚本编辑器窗口

16.2　下料单元监控工程的运行

力控工程初步建立完成，进入运行阶段。首先保存所有组态内容，点击图标 ▣。如果力控软件没有安装加密锁，会出现如图 16-26 所示窗口，点击忽略进入监控运行界面。点击启动按钮，工件垂直下降，如图 16-27 所示。当工件到达下料口时，下料口指示灯亮，如图 16-28 所示，随后工件和托盘水平移动，如图 16-29 所示。

图 16-26　未安装加密锁提示窗口

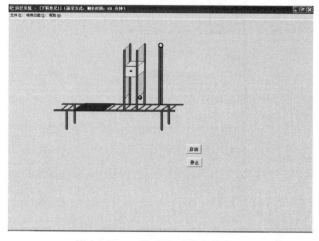

图 16-27　工件垂直下降监控窗口

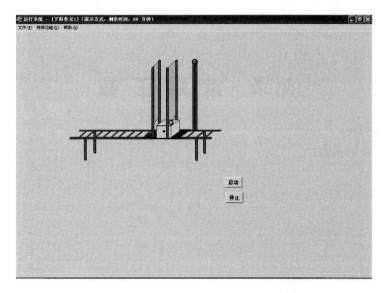

图 16-28　工件垂直下降到达下料口监控窗口

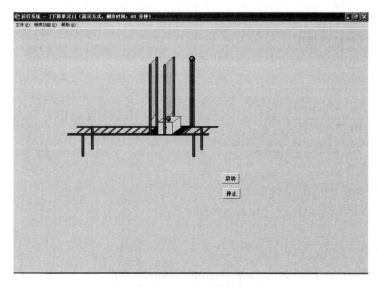

图 16-29　工件水平移动监控窗口

附 录　常 用 函 数

1．ShowPicture
此函数用于显示画面。

调用格式：

ShowPicture("PictureName");

例如：

ShowPicture("反应车间");

2．Exit
此函数使组态王运行环境退出。

调用形式：

Exit(Option);

参数描述

Option　整型变量或数值：

0——退出当前程序；

1——关机；

2——重新启动 windows。

3．InfoAppDir
此函数返回当前组态王的工程路径。

调用格式：

MessageResult=InfoAppDir();

当前组态王工程路径返回给 MessageResult。

例如：

DemoPath=InfoAppDir();

将返回 "C:\Program Files\Kingview\Example\Kingdemo3"。

4．StrFromReal
此函数将一实数值转换成字符串形式。该字符串以浮点数计数制表示或以指数计数制表示。

调用格式：

MessageResult=StrFromReal(Real,Precision,Type);

参数描述

Real　根据指定 Precision 和 Type 进行转换，其结果保存在 MessageResult 中。

Precision　指定要显示多少个小数位。

Type　确定显示方式，可为以下字符之一：

"f" 按浮点数显示；

"e" 按小写"e"的指数制显示；

"E" 按大写"E"的指数制显示。

例如：

```
StrFromReal(263.355, 2,"f");//返回 "263.36"
StrFromReal(263.355, 2,"e");//返回 "2.63e2"
StrFromReal(263.55, 3,"E");//返回 "2.636E2"
```

5. ReportSaveAs

此函数为报表专用函数。将指定报表按照所给的文件名存储到指定目录下，ReportSaveAs 支持将报表文件保存为 rtl、xls、csv 格式。保存的格式取决于所保存的文件的后缀名。

调用格式：

```
ReportSaveAs(ReportName,FileName);
```

返回值：整型，返回存储是否成功标志，0——成功。

参数描述

ReportName　报表名称。

FileName　存储路径和文件名称。

例 1：

将报表"实时数据报表"存储为文件名为"数据报表 1.RTL"，路径为"C:\My Documents"，返回值赋给变量"存文件"："

```
存文件=ReportSaveAs（"实时数据报表"，"C:\My Documents\数据报表 1.RTL");
```

例 2：

将报表"实时数据报表"存储为 EXCEL 格式的文件，文件名为"数据报表 1.xls"，路径为"C:\My Documents"，返回值赋给变量"存文件"：

```
存文件=ReportSaveAs（"实时数据报表"，"C:\My Documents\数据报表 1.xls");
```

6. listClear

此函数将清除指定列表框控件 ControlName 中的所有列表成员项。

调用格式：

```
listClear("ControlName");
```

参数描述

ControlName　工程人员定义的列表框控件名称，可以为中文名或英文名。

例如：

```
listClear("报警信息");
```

此语句将清除报警信息列表框中的所有列表成员项。

7. ListLoadFileName

此函数将字符串*.ext 指示的文件名显示在列表框中。

调用格式：

```
ListLoadFileName("CtrlName","*.ext");
```

参数描述

CtrlName　工程人员定义的列表框控件名称，可以为中文名或英文名。

*.ext　字符串常量，工程人员要查询的文件，支持通配符。

例如：

```
ListLoadFileName（"报警文件列表"，"c:\appdir\alarm\*.al2");
```

此语句将 c:\appdir\alarm 目录下的后缀为.al2 的文件名显示在列表框中。

8. ReportLoad

此函数为报表专用函数。将指定路径下的报表读到当前报表中来。

调用格式：

```
ReportLoad(ReportName, FileName)
```

返回值：返回存储是否成功标志。0——成功，3——失败（注意定义返回值变量的范围）。

参数描述

ReportName 报表名称。

FileName 报表存储路径和文件名称。

例如：

将文件名为"数据报表 1"，路径为"C:\My Documents"的报表读取到当前报表中，返回值赋给变量"读文件"：

读文件= ReportLoad("实时数据报表","C:\My Documents\报表.RTL");

参 考 文 献

[1] 严盈富. 监控组态软件与 PLC 入门. 北京：人民邮电出版社，2006.

[2] 杨润贤. 先进组态控制技术及应用. 北京：化学工业出版社，2015.

[3] 张岳. 工业组态软件实用教程. 北京：化学工业出版社，2014.